薬学生のための基礎シリーズ
5
編集委員長 入村達郎

基礎有機化学

小林 進・三巻祥浩 共編

培風館

本書の無断複写は，著作権法上での例外を除き，禁じられています．
本書を複写される場合は，その都度当社の許諾を得てください．

「薬学生のための基礎シリーズ」に寄せて

　平成 18 年度から，全国の薬系大学・薬学部に 6 年制の新薬学教育課程が導入され，「薬学教育モデル・コアカリキュラム」に基づいた教育プログラムがスタートしました．新しい薬学教育プログラムを履修した卒業生や薬剤師は，論理的な思考力や幅広い視野に基づいた応用力，的確なプレゼンテーション能力などを習得し，多様化し高度化した医療の世界や関連する分野で，それらの能力を十二分に発揮することが期待されています．実際，長期実務実習のための共用試験や新薬剤師国家試験では，カリキュラム内容の十分な習得と柔軟な総合的応用力が試されるといわれています．

　一方で，高等学校の教育内容が，学習指導要領の改訂や大学入学試験の多様化などの影響を受けた結果，近年の大学新入生の学力が従前と比べて低下し，同時に大きな個人差が生まれたと指摘されています．実際，最近の薬系大学・薬学部でも授業内容を十分に習得できないまま行き詰まる例が少なくありません．さまざまな領域の学問では，1 つ 1 つ基礎からの理解を積み重ねていくことが何より大切であり，薬学も例外ではありません．

　本教科書シリーズは，薬系大学・薬学部の 1, 2 年生を対象として，高等学校の学習内容の復習・確認とともに，薬学基礎科目のしっかりとした習得と専門科目への準備・橋渡しを支援するために編集されたものです．記述は，できるだけ平易で理解しやすいものとし，理解を助けるために多くの図を用い，適宜に例題や演習問題が配置され，勉学意欲を高められるよう工夫されています．本シリーズが活用され，基礎学力をしっかりと身につけ，期待される能力を備えて社会で活躍する薬学卒業生や薬剤師が育っていくことを願ってやみません．

　最後に，シリーズ発刊にあたってたいへんお世話になった，培風館および関係者の方々に感謝いたします．

2010 年 10 月

編集委員会

まえがき

　薬学部に入学してくるほとんどの学生は高校時代に化学を学んでいる．あるいは，高校時代に化学が得意だったから薬学を選んだ学生も多くいると思う．しかし，高校時代に学んだ化学と薬学部で学ぶ化学は大きく異なるため，入学してから化学に自信をなくしてしまう学生が少なくないのが現状である．高校時代の化学は無機化学，物理化学を主として学び，有機化学は最後のころに学んだ程度であろう．理想気体の方程式，熱量といった計算，あるいは元素記号や化合物の構造式を覚えるといった暗記，高校の化学ではこのような学習が主として行われてきたかと思う．有機化学に関しては，炭化水素，アルコール，ハロゲン化合物，ケトン，カルボン酸，アミンといった化合物があることを主として学んだ．それぞれの官能基の反応も勉強したが，このような反応がどのようにして進行するかについて深く掘り下げて学ぶことはなかった．すべての高校生が有機化学の分野に進むわけでないのだから当然のことである．

　薬学部に入学したら話は別である．クスリの 90% 以上は有機化合物である．薬学にとって，有機化学は基盤の学問といえる．有機化合物の構造，性質，反応性を学ぶことは，クスリの性質を知って取り扱ううえで基本的なことである．さらに，生体内の仕組みを有機化学の言葉 (構造と反応) で考えるのが分子生物学，薬物の活性を構造式をもとに考えるのが薬理学であるから，有機化学は分子生物学，薬理学，薬剤学を学ぶうえでの基盤といえる．したがって，多くの薬学部では，入学してすぐに 1 年次から有機化学の講義が始まる．週に 2 コマの授業がある大学も多いかと思われる．多くの大学では，軌道，酸と塩基，立体化学，反応機構というように高校生のときに習った化学と違った内容から始まり，約 3 年程度かけて有機化学を一通りマスターするのが標準的なカリキュラムとなっている．2 年次から分子生物学や薬理学など，アドバンス科目の授業が始まることは理にかなっている．

　さて，有機化学は，章や節ごとに 1 コマずつ独立しているわけではない．横軸に官能基，縦軸に反応をおくと，有機化学という学問には縦だけでなく横にもつながりのあるネットワークが形成されている．同じ事柄が別の章で取り上げられることも多い．編者らは，大学に入学してすぐに有機化学の詳細に入るより，2〜3 カ月，あるいは半期，高校までの有機化学を学びなおすとともに，広範な有機化学の全体像を見渡すことにあてることも必要でないかと考えた．

すなわち，薬系学部での有機化学を体系的に学習する前のガイダンス的な役割を本書の目的とした．それぞれの章を授業1回で学べるような内容とすることを心がけ，1章の分量を約10ページとすることを目標として全13章の章立てを構成した．あくまでも高校の化学から大学の有機化学への橋渡しを目的としているので，高校で履修した内容と重複する部分やこれから学ぶ有機化学と重複する部分もある．さらに，各章間で重複することもある．さまざまな段階で違う観点から同じ内容を繰り返し学ぶことで，重要なポイントを理解できるようになると考え，本書を編んだ．

終わりに，本書の出版に尽力された培風館の方々に感謝の意を表する．

2012年1月

著者しるす

目 次

1. 分子の結合と性質 — 1
 1.1 原子の構造 …………………………… 1
 1.2 電子の挙動と電子配置 ………………… 2
 1.3 化学結合の形成とオクテット則 ……… 4
 1.4 原子軌道の3次元的な形 ……………… 5
 1.5 混成軌道 ………………………………… 7
 章末問題 1 ………………………………… 12

2. 脂肪族炭化水素 —— アルカン，アルケン，アルキン — 13
 2.1 アルカン ………………………………… 13
 2.2 アルケン ………………………………… 16
 2.3 アルキン ………………………………… 19
 章末問題 2 ………………………………… 22

3. 異性体と立体化学 — 23
 3.1 有機化合物と異性体 …………………… 23
 3.2 構造異性体 ……………………………… 23
 3.3 立体異性体 ……………………………… 24
 3.4 立体構造の表し方 ……………………… 25
 3.5 キラリティーと鏡像異性体 …………… 27
 3.6 光学活性 ………………………………… 27
 3.7 立体配置の表示法 ……………………… 29
 3.8 不斉炭素原子をもたない鏡像異性体 … 32
 3.9 ジアステレオ異性体 …………………… 32
 3.10 立体配座と配座異性体 ………………… 36
 章末問題 3 ………………………………… 38

4. 芳香族化合物 — 41

- 4.1 ベンゼンの構造 …………………………… 43
- 4.2 多置換ベンゼン …………………………… 44
- 4.3 芳香族炭化水素の反応性 ………………… 45
- 4.4 配 向 性 …………………………………… 47
- 章末問題 4 …………………………………… 48

5. 反応機構 — 49

- 5.1 結合状態の変化と電子の動き …………… 49
- 5.2 炭素原子上での電子の授受 ……………… 51
- 5.3 共鳴構造 …………………………………… 53
- 章末問題 5 …………………………………… 54

6. 有機ハロゲン化合物 — 57

- 6.1 命 名 法 …………………………………… 58
- 6.2 構造と性質 ………………………………… 58
- 6.3 有機ハロゲン化合物の合成 ……………… 59
- 6.4 有機ハロゲン化合物の反応 ……………… 62
- 章末問題 6 …………………………………… 64

7. アルコールとフェノール — 65

- 7.1 アルコール ………………………………… 65
- 7.2 フェノール ………………………………… 70
- 章末問題 7 …………………………………… 72

8. エーテルとエポキシド — 73

- 8.1 エーテルとエポキシドの性質 …………… 73
- 8.2 エーテルとエポキシドの反応 …………… 74
- 8.3 エーテルとエポキシドの合成 …………… 74
- 章末問題 8 …………………………………… 76

9. 酸と塩基 — 77

- 9.1 ブレンステッド-ローリーの酸と塩基の定義 …… 77
- 9.2 ルイスの酸と塩基の定義 ………………… 77
- 9.3 酸と塩基の強さ …………………………… 78
- 9.4 有 機 酸 …………………………………… 80
- 9.5 有 機 塩 基 ………………………………… 80
- 章末問題 9 …………………………………… 82

10. アルデヒドとケトン — 83

- 10.1 アルデヒドとケトンの命名法 …………… 84
- 10.2 アルデヒドとケトンの構造と性質 ………… 85
- 10.3 カルボニル基への求核付加反応 …………… 86
- 10.4 求核剤に対するアルデヒドとケトンの反応性 …… 87
- 10.5 炭素求核剤による求核付加反応 …………… 88
- 10.6 酸素求核剤による求核付加反応 …………… 89
- 10.7 窒素求核剤による求核付加反応 …………… 92
- 10.8 水素求核剤による求核付加反応 …………… 94
- 10.9 合成法 ……………………………………… 95
- 章末問題 10 …………………………………… 96

11. カルボン酸 — 97

- 11.1 カルボン酸の構造と命名法 ………………… 97
- 11.2 カルボン酸の性質 …………………………… 99
- 11.3 カルボン酸の合成 …………………………… 101
- 11.4 カルボン酸の反応 …………………………… 102
- 章末問題 11 …………………………………… 104

12. カルボン酸誘導体 — 105

- 12.1 カルボン酸誘導体の構造と命名法 ………… 105
- 12.2 カルボン酸誘導体の合成と反応 …………… 107
- 章末問題 12 …………………………………… 113

13. アミン — 115

- 13.1 アミンの分類 ………………………………… 115
- 13.2 アミンの性質 ………………………………… 116
- 13.3 アミンの反応 ………………………………… 119
- 13.4 アミンの合成 ………………………………… 122
- 章末問題 13 …………………………………… 123

章末問題解答 — 125

索引 — 135

1

分子の結合と性質

「化学」という学問は原子や分子が相互作用し，新たな物質が生み出される変化を説明する学問である．現在では，原子や分子が引き起こす化学的変化を予測し，自在に制御することが可能となる時代となった．とりわけ「有機化学」とよばれる学問分野の進展はめざましく，人々の日常の生活を支える食品や衣料，材料といった分野だけでなく，医薬品や疾病，生命現象までもが化学の研究対象である．

1.1 原子の構造

19 世紀のはじめ，ドルトンは各元素に固有な微粒子の存在を考え，その粒子を原子 (atom) と名づけた．原子は万物を構成している基本粒子である．

Dalton, John (1766-1844)

原子は原子核 (atomic nucleus) と電子 (electron) からできている．さらに，原子核は正の電荷をもつ陽子 (proton) と，電荷をもたず陽子とほぼ同じ質量の中性子 (neutron) からできている (図 1.1)．原子核中の陽子の数を原子番号 (atomic number) といい，原子の性質を原子番号順に分類したものが周期表 (periodic table) である．

図 1.1 原子の構成

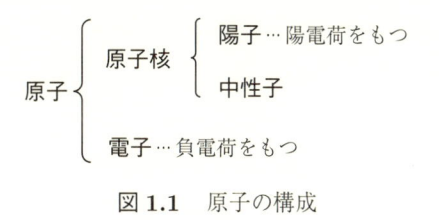

原子 { 原子核 { 陽子…陽電荷をもつ / 中性子 } / 電子…負電荷をもつ }

表 1.1 原子を構成する粒子の質量と電気量

	質量 (g)	電気量 (C)
電子	9.109×10^{-28}	-6.602×10^{-19}
陽子	1.673×10^{-24}	$+6.602 \times 10^{-19}$
中性子	1.675×10^{-24}	0

一方，電子は負電荷をもち，原子核をとりまくように存在している．原子内の電子の数は陽子の数と等しいため，全体として原子は電気的に中性である (表 1.1)．電子の質量は陽子や中性子の質量に比べると非常に小さい (1800 分の 1 程度)．したがって，原子の質量は原子核に集中している．そこで，陽子

```
        ┌── 質量数＝陽子数＋中性子数
        ³⁵Cl                    ³⁷Cl
        ₁₇                      ₁₇
        └── 原子番号＝陽子数
     陽子数 17                陽子数 17
     中性子 18                中性子 20
```

図 1.2　元素記号の表記と同位体

と中性子の数を**質量数** (mass number) と定義し，原子全体の質量の目安とする．また，原子の絶対質量は非常に小さくそのままでは扱いづらいので，質量数 12 の炭素原子 ^{12}C 1 個の質量を 12 とし，それを基準にほかの原子の相対質量を定めている．

原子の中には，原子番号 (陽子の数) が同じであっても，中性子の数が異なるために質量数が異なるものが存在する．これらを**同位体** (isotope) とよぶ．同位体を区別する目的で，元素記号の左下に陽子数，左上に質量数を表記する (図 1.2)．水素原子に関しては，中性子数が異なる重水素 ^{2}H を D，トリチウム ^{3}H を T というように元素記号を変えて表現することもある．このように自然界には同位体が存在するため，これらの存在比を考慮に入れた平均的な相対質量を**原子量** (atomic weight) とよぶ．例えば，塩素には ^{35}Cl が 75.77%，^{37}Cl が 24.23% 存在する．したがって，塩素原子の原子量は $35 \times 0.7577 + 37 \times 0.2423 = 35.5$ となる．

1.2　電子の挙動と電子配置

「化学」の世界では物質が変化するとは，原子を構成する電子がどのような振舞いをしたかを理解することである．したがって，原子核を中心として存在している電子のもつエネルギーや運動を正確に知ることができれば，その原子の性質や化学変化を理論的に予想することが可能である．太陽系における太陽と地球との関係のように，巨大で，規則正しく太陽のまわりを回っている惑星であれば，ニュートンにより確立された古典力学に基づき，その軌道やエネルギーを導き出すことが可能である．しかし，20 世紀前半に台頭した量子力学によれば，質量の非常に小さな電子は粒子としての性質と波としての性質を合わせもつことが明らかにされている．そして，電子はとびとびのエネルギー準位をもつ軌道上に存在し (エネルギーの量子化)，その位置と運動量を同時に決定することができない (ハイゼンベルクの不確定原理)．したがって，通常の方法をもって電子の運動の軌跡を知ることはできない．

しかし，シュレーディンガー の波動方程式 $E\psi = H\psi$ (H はハミルトニアンとよばれる演算子，ψ は電子の状態を表す波動関数，E は電子のエネルギー) を用いれば，電子を表現することが可能である．波動方程式を解くことによ

Newton, Sir Isaac (1642-1727)

Heisenberg, Werner Karl (1901-1976)

Schrödinger, Erwin (1887-1961)

1.2 電子の挙動と電子配置

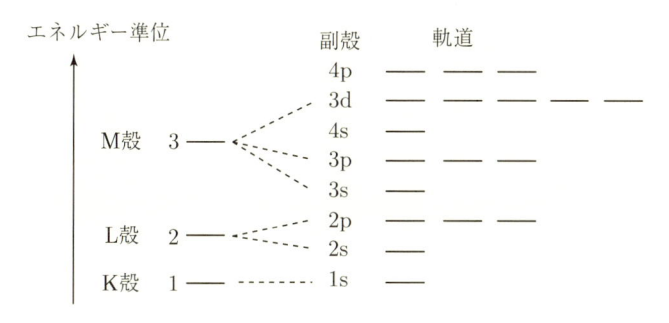

図 1.3 原子の軌道エネルギー準位

り，電子のもつエネルギーを知ることができる．さらに重要なことは ψ^2 が，電子の発見確率を示すことである．したがって，電子の位置を特定することはできないが，確率として表現することは可能である．

このようにして求められた電子のエネルギー準位を図 1.3 に模式的に示す．最も安定なエネルギー準位を 1s 軌道といい，これを K 殻とよぶ．次に，エネルギー的に安定な軌道は 2s 軌道と 2p 軌道 ($2p_x$, $2p_y$, $2p_z$) であり，これらをまとめて L 殻という．さらに，エネルギー準位が高い軌道として，3s 軌道，3p 軌道 ($3p_x$, $3p_y$, $3p_z$)，3d 軌道 ($3d_{xy}$, $3d_{yz}$, $3d_{zx}$, $3d_{x^2-y^2}$, $3d_{z^2}$) からなる M 殻がある．このようなエネルギー準位をもつ軌道に電子が順に入っていくわけであるが，基底状態における電子の収容の仕方 (電子配置 electron configuration) は，構成原理 (building-up principle, Aufbau principle) という次の 3 つの規則に基づく．

(1) エネルギーの低い軌道から順に電子が収容される．
(2) 各軌道には 2 個の電子まで収容可能である．なお同じ軌道に電子が収容される場合，電子はそのスピンを互いに逆とする．これをパウリの排他原理 (Pauli's exclusion principle) という．
(3) エネルギーが等しい軌道 (軌道の縮退 (degenerate)) に電子が収容される場合には，許される限り電子のスピンが同じ向きになるようにして異なる軌道に電子が入る．これをフントの規則 (Hund's rule) という．

Pauli, Wolfgang (1900-1958)

Hund, Friedrich Hermann (1896-1997)

例えば，窒素原子 $_7$N の電子配置を考える (図 1.4 (a))．窒素原子は 7 個の電

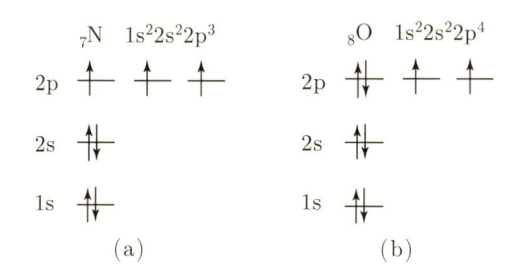

図 1.4 窒素原子 (a) と酸素原子 (b) の電子配置

子をもっており，これらの電子を上述の構成原理に従ってエネルギー準位の最も低い 1s 軌道から順に入れていくと，図 1.4 のようになる．図の横線 (–) は，電子が収容される 1 つの軌道を表している．矢印は電子 1 個を意味し，上向きの矢印 (↑) と下向きの矢印 (↓) は電子のスピンが互いに逆向きであることを示す．パウリの排他原理より 1 つの軌道には最大 2 個の電子が収容され，互いに電子のスピンが逆向きである．さらに，3 つの 2p 軌道に 3 つの電子が入っていく場合には，フントの規則より電子のスピンが同じ向きで別々の軌道 ($2p_x$, $2p_y$, $2p_z$) に収容されていく．

窒素原子と同様に，酸素原子 $_8$O の電子配置を考えると (図 (b))，酸素原子の 8 個目の電子は，$2p_x$ 軌道に互いに逆向きのスピンになるように電子が入ることがわかる．

1.3 化学結合の形成とオクテット則

化学結合が形成される場合，原子核より最も離れた最外殻の電子が利用される．これらの電子を価電子 (valence electron) とよび，価電子を点 (ドット) で表した化学式をルイス構造式 (Lewis structure) という．第 3 周期までの元素において，価電子の数は 1 族では 1 個，2 族では 2 個，13 族から 18 族は族番号から 10 を引いた数に一致する．

一般に，18 属元素は希ガス (rare gas) とよばれ，最外殻電子が満たされているために化学的に極めて安定である．このため，第 1〜3 周期の元素では，He や Ne や Ar のような希ガスと同じ電子配置，すなわち最外殻に 8 つの電子 (He では 2 つの電子) で満たそうとする傾向が強い．このような性質をオクテット則 (octet rule) という．

例えば，1 属の Li は 1 個価電子を放出して Li^+ となることで，He と同等な電子配置をとる (図 1.5)．また，Na も 1 個価電子を放出して Na^+ となることで，最外殻の電子を 8 個とし，Ne と同等な電子配置をとる．このように，1 属元素は 1 価の陽イオンになりやすいが，このとき吸収するエネルギーをイオン化エネルギー (ionization energy) とよぶ．すなわち，イオン化エネルギーが小

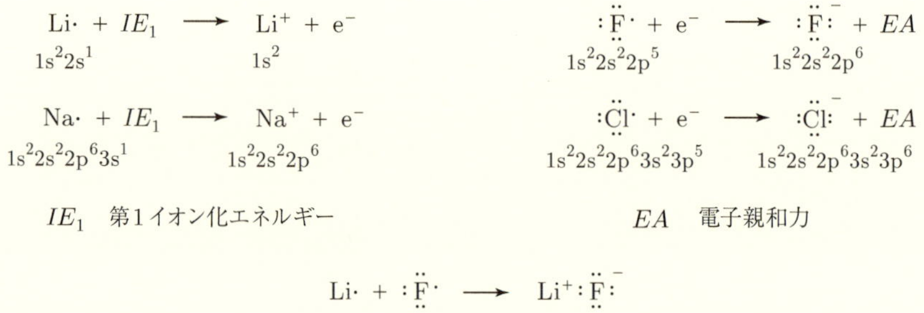

$$\text{Li·} + IE_1 \longrightarrow \text{Li}^+ + e^-$$
$$1s^2 2s^1 \qquad\qquad 1s^2$$

$$\text{Na·} + IE_1 \longrightarrow \text{Na}^+ + e^-$$
$$1s^2 2s^2 2p^6 3s^1 \qquad\qquad 1s^2 2s^2 2p^6$$

$$:\!\ddot{\text{F}}\!\cdot + e^- \longrightarrow :\!\ddot{\text{F}}\!:^- + EA$$
$$1s^2 2s^2 2p^5 \qquad\qquad 1s^2 2s^2 2p^6$$

$$:\!\ddot{\text{Cl}}\!\cdot + e^- \longrightarrow :\!\ddot{\text{Cl}}\!:^- + EA$$
$$1s^2 2s^2 2p^6 3s^2 3p^5 \qquad\qquad 1s^2 2s^2 2p^6 3s^2 3p^6$$

IE_1　第 1 イオン化エネルギー　　　　　　EA　電子親和力

$$\text{Li·} + :\!\ddot{\text{F}}\!\cdot \longrightarrow \text{Li}^+ :\!\ddot{\text{F}}\!:^-$$

図 1.5　イオン結合の形成

さな原子は，陽イオンになりやすいことを示す．一方，第17属元素であるFやClは電子を1個取り込み，それぞれNeやArと同じ電子配置のF⁻やCl⁻となる．このとき，放出するエネルギーを電子親和力 (electron affinity) とよび，電子親和力が大きいほど陰イオンになりやすいことを意味する．

このように，イオン化エネルギーの小さな元素と電子親和力が大きな元素が相互作用すると，イオン結合 (ionic bond) とよばれる結合を形成する．例えば，LiとFの間では，LiからFへ1個の価電子を一方的に提供することで，Li⁺とF⁻となり，両者は静電気的な力 (クーロン力 Coulomb force) で引き合い，LiFを形成する．このとき，Li⁺とF⁻のいずれもオクテット則を満足している．

Coulomb, Charles-Augustin (1736-1806)

次に，有機化合物の骨格となる炭素原子の化学結合について，メタンを例に説明する (図1.6)．炭素は価電子を4つもち，14属に所属する．水素の価電子は1個であり，1属の元素である．このとき，炭素と水素の結合は価電子を1個ずつ出し合って共有することで，オクテット則を満足する．この結果，炭素原子の最外殻には8個の電子が存在することになり，Neと同じ電子構造となる．同時に，水素原子の最外殻には2個の電子が存在することになり，Heと同じ電子構造となる．このような結合様式を共有結合 (covalent bond) とよぶ．重要なことは，イオン結合はイオン化エネルギーの小さな元素が電子親和力の大きな元素へ一方的に電子を提供しているのに対して，共有結合では2つの元素が互いに電子を出し合って共有していることにある．ルイス構造式では2つの元素が共有している電子を点で表したが，ケクレ構造式 (Kekulé structure) はそれを簡略化して線で示す．この線を価標という．

Kekulé, Friedrich August (1829-1896)

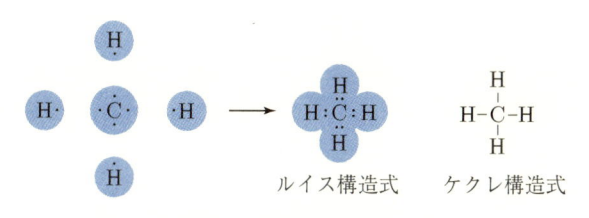

図 1.6 共有結合の形成

1.4 原子軌道の3次元的な形

これまで，原子の結合を平面的なものとして説明してきた．しかし，実際の分子は立体的な構造をもっている．また，分子中の結合の種類によって，結合の強さ，長さ，結合角などが異なるなど，今までの考え方では説明できないことが多い．そこでこれらを解決するためには，まず核のまわりに電子が分布している様子を，空間的な観点ならびにエネルギー的な立場からもう少し詳しく考察する必要がある．ここでは，各原子軌道の立体的な形を説明する．

すべての殻に存在する一番エネルギーの低いs原子軌道は，原子核を中心と

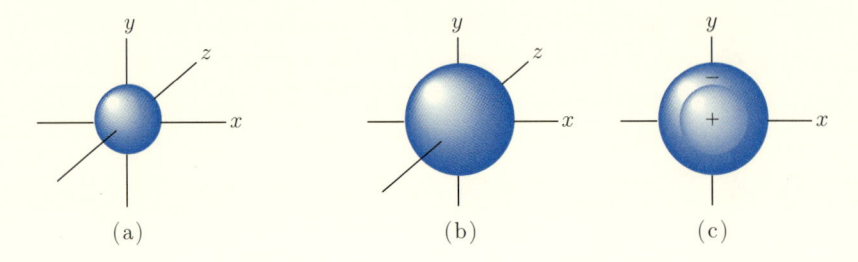

図 **1.7**　1s 軌道 (a) と 2s 軌道 (b), (c)

した球状の形をしている (図 1.7 (a))．1s 原子軌道 (K 殻) にある電子に比べて，より高いエネルギー準位をもつ 2s 原子軌道 (L 殻) は，原子核からの平均距離がより大きいため，1s 原子軌道より大きな球として表される (図 (b))．このように，原子軌道は種類が同じでも，原子核から離れるほど大きくなる．したがって，所有電子数が同じ場合，存在領域の大きい 2s 原子軌道の平均電子密度は，1s 原子軌道のそれに比べて小さい．また，1s 原子軌道以外の各原子軌道には電子が存在する確率が限りなく 0 に近くなる領域があり，これを節 (node) とよぶ．2s 原子軌道の節は球表面であり，図 (c) にこれを模式化した．なお，節はあくまでも球表面で，球体内部を含めたすべてを示すものではない．

　原子軌道は節を境に + と − の符号，あるいは色を変えて表示する (それぞれを位相 (phase) とよぶ)．これは，あくまでも量子力学上の違いを表すものであって，電荷のことを示しているのではない．また，その符号は電子の存在の有無とは全く無関係であり，節のどちらが + で，どちらが − であってもかまわない (色で違いを出す場合も同様である)．

　2s 軌道の次にエネルギー準位が高い 2p 軌道には，エネルギー的に等価な $2p_x$, $2p_y$, $2p_z$ という 3 つの軌道が存在する．そして p 軌道は 2 つのローブからなり，数字の 8 を立体的にした形をしている (図 1.8)．3 つの p 軌道はそれぞれ x 軸，y 軸，z 軸に沿って軌道の軸があり，p_x, p_y, p_z と表記される．2 つのローブの境が節であり，そこに原子核が位置している．

　p_x 軌道に電子が 1 つ存在すると仮定すると，電子が左右の 2 つのローブにまたがって，全領域で 1 つ存在することになる．電子が粒子と考えると非常に違和感があるが，電子が波の性質を合わせもつことを考慮すると理解できる．

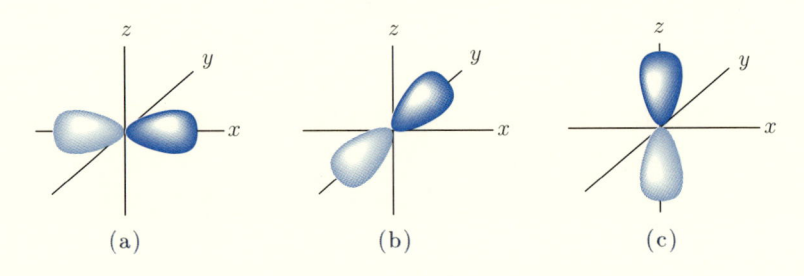

図 **1.8**　p_x 軌道 (a), p_y 軌道 (b), p_z 軌道 (c)

1.5 混成軌道

s軌道およびp軌道の3次元的な形をもとに，実際の分子中ではどのような軌道を用い，どのような結合の仕方をしているのか，そして分子としてどのような3次元的な形をしているのかを，まずはメタンを例に説明する．

メタン (CH_4) は4つのC–H共有結合をもっているが，今まで述べてきた原子軌道に関する概念だけでは説明できない点がある．まず1つは，基底状態の炭素原子の電子配置をみると，あと4つの電子を受け取ればオクテット則を満たすものの，4つの水素原子と共有結合をつくるための不対電子 (1つの軌道に電子が1つだけ入っている状態のもの) が2つ ($2p_x$ と $2p_y$) しかない点である (図1.9)．2つ目は，電子の共有方法は別にして，最外殻にあるエネルギー準位の異なる1つの2s軌道と3つの2p軌道，計4つの軌道を用いて，それぞれ水素原子と共有結合を形成しメタン分子がつくられていると仮定した場合，3つの2p軌道は互いに90°の角度しか開けない点である．さらに，2s軌道は球対称なので，方向性をもたない結合となってしまうこともある．しかし，実際のメタン分子は，4つの等価な炭素–水素共有結合をもつ正四面体構造で，互いの結合角は109.5°であることがわかっている．

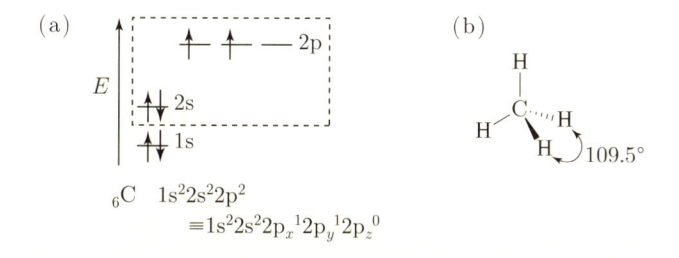

図1.9 基底状態における炭素の電子配置 (a) とメタン分子 (b)

このことを説明するために，同一原子上のいくつかの原子軌道が混ざり合い，新しい軌道をつくるという，軌道の混成という概念が導かれた．

この概念ではまず，炭素の不対電子を4つにするために，2s軌道にある電子の1個を2p軌道に昇位させ，$1s^2 2s^1 2p_x^1 2p_y^1 2p_z^1$ の電子配置にする (図1.10)．これにより炭素は，最外殻に4つの共有結合をつくれるようになる．この昇位にはエネルギーを必要とするが，4本の共有結合が形成することによって獲得

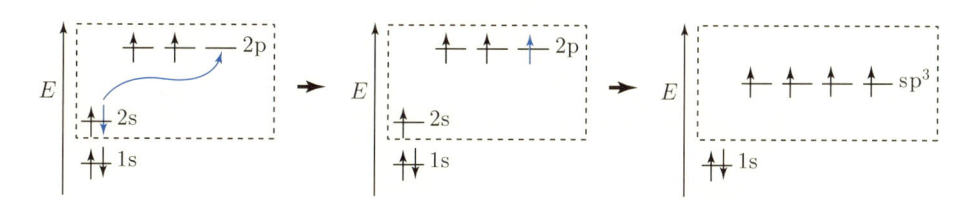

図1.10 炭素原子における sp^3 混成軌道の成り立ち

できる安定化エネルギーの方が、この昇位に必要なエネルギーよりかなり大きいので問題とならない。しかし、このままでは4つの不対電子が存在する軌道のエネルギー準位や形は等しくないため、実際のメタン分子の結合角と4つの等価な共有結合をもつことはまだ説明できない。そこで次に、1つの2s軌道と3つの2p軌道を混成して、新たにエネルギー的に等価な4つの**sp³ 混成軌道** (sp³ hybrid orbital, s軌道1つとp軌道3つからなるので)をつくる。そして、混成前に所有していた価電子4つをそれぞれの軌道に1個ずつ収める（ここでも、パウリの排他原理が適用される）。混成に関する重要な点として、n 個の軌道を混成すると、新しくできる混成軌道の数も n 個になるということである。

この混成軌道の3次元的な形は、図1.11のような形で表される。一方のローブが他方より大きいのが特徴である（p軌道と同様に2つのローブの境が節であり、そこに原子核が位置している）。

4つのsp³混成軌道は、互いがなるべく遠くに離れるように空間的に配置される（図1.12）。電子を互いになるべく遠くになるように配置すれば、電子どうしの反発が最小になるからである。4つの軌道が互いにできるだけ離れて空間に広がると、それらは正四面体の頂点に向かって位置することになる。したがって、各軌道間の角度は、四面体に典型的な値である109.5°となる。

メタンは、炭素の4つの等価なsp³混成軌道と4つの水素のs軌道が重なって、4本の共有結合が形成される。このように、軌道軸どうしが一致し、しっかり重なって形成される結合を σ **結合**とよぶ。こうした混成軌道の考え方で、メタンの4つのC–H結合の等価性や、結合角が実測値109.5°になる理由を説明できるようになる。

σ（シグマ）

図1.11 混成軌道のローブの形

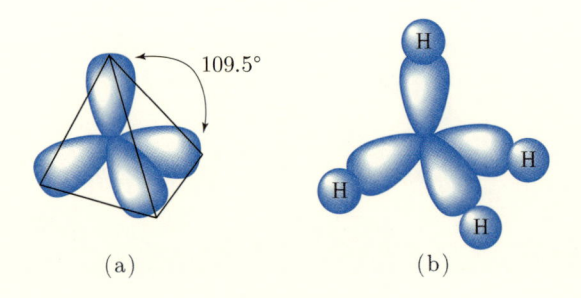

図1.12 sp³混成軌道の形(a)とメタン分子(b)
図(b)のように作図の問題上わかりやすくするため、混成軌道の小さい方のローブは通常省略されることが多い。

1.5 混成軌道

次に，エチレン (エテン，$CH_2=CH_2$) の結合について述べる．エチレン分子では炭素-炭素間が二重結合で，炭素-水素間が単結合である (図 1.13)．エチレン分子中の炭素原子は，メタン分子中の炭素原子と同様に 4 つの結合を形成しているものの，それぞれの炭素は 3 個の原子としか結合していない．また，エチレンを構成するすべての原子は同一平面上にあり，結合角は約 120°であることがわかっている．

図 1.13 エチレン分子の構造

このようなエチレン分子中の結合を説明するためには，メタンの sp^3 混成軌道とは別の混成軌道を考える必要がある．

まず，炭素の不対電子を 4 つにするために，2s 軌道にある電子の 1 個を 2p 軌道に昇位させ，$1s^2 2s^1 2p_x^1 2p_y^1 2p_z^1$ の電子配置にする (図 1.14)．ここまでは sp^3 混成軌道のときと同じである．次に，1 つの 2s 軌道と 2 つの 2p 軌道を混成して，新たにエネルギー的に等価な 3 つの **sp^2 混成軌道** (sp^2 hybrid orbital，s 軌道 1 つと p 軌道 2 つからなるので) をつくり，それぞれに 1 個ずつ電子を収める．ここで重要なことは，混成に参加しなかった $2p_z$ 軌道が残っていることである．

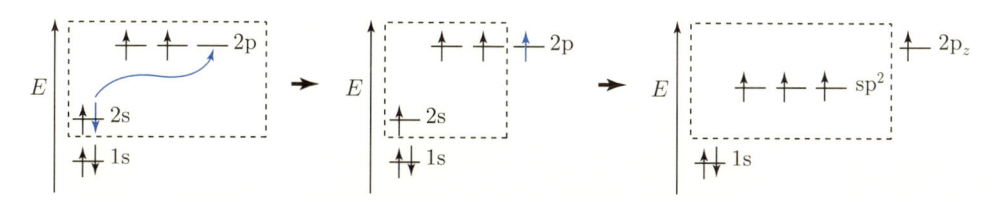

図 1.14 炭素原子における sp^2 混成軌道の成り立ち

3 つの sp^2 混成軌道は，$2p_z$ 軌道との電子反発を最小にするとともに，互いがなるべく遠くになるように配置されなければならない．そのため，$2p_z$ と直行した同一平面上にあって，中心に炭素の原子核が位置する正三角形の頂点に，3 つの sp^2 混成軌道が向く構造をとることになる．したがって，結合角は約 120°となる (図 1.15)．なお，混成の仕方は異なっても，混成軌道のローブの形は変わらない．

エチレンの炭素どうしは，二重結合を形成している．この二重結合の 2 つの炭素-炭素結合は等価ではない．1 つの結合は 2 個の炭素の sp^2 混成軌道の軌道軸どうしが，しっかりとした重なりによって生じる σ 結合である．もう一方の結合は，混成に参加していない p 軌道が横に平行に並び，軌道の側面で弱く重なり合い，共有結合を形成している．このような結合を **π 結合** とよぶ．また，それぞれの炭素原子は別の 2 つの sp^2 混成軌道を用いて水素原子の s 軌道

π (パイ)

(a) 側面図　　　(b) 上面図

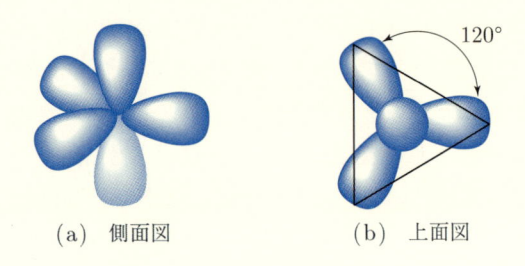

図 1.15　sp^2 混成軌道の形 (混成軌道の小さいローブは省略)

と重なり，炭素-水素 σ 結合をつくっている．

図 1.16 をみると，2 個の炭素の sp^2 混成軌道どうしの σ 結合 1 本と，その上下に 2 個の炭素の p 軌道どうしの π 結合が 2 本あり，あたかも三重結合のようにみえる．しかし，すでに述べたように，p 軌道に 1 つの電子が存在する場合は，上下のローブで 1 つの電子が存在している．したがって，それを共有し合うことで形成される π 結合も，上下で 1 本の結合となる．

結合の強さは軌道の重なりが弱い分，π 結合の方が弱い．このことは π 結合の方が切れやすい，すなわち反応性がより高いということを意味している．アルケン類に臭素や水素を作用させると，二重結合に臭素や水素が付加した化合物が得られるが，そのとき反応しているのは π 結合である (2 章参照)．

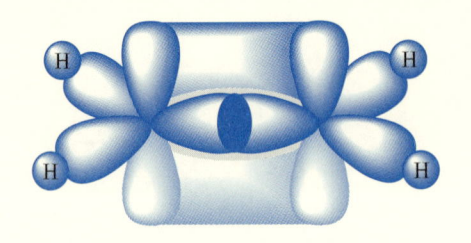

図 1.16　エチレン分子

続いて，アセチレン (エチン，HC≡CH) について述べる．アセチレン分子では炭素-炭素間が三重結合で，炭素-水素間が単結合である．アセチレン分子中の炭素原子も 4 つの結合を形成しているが，それぞれの炭素は 2 個の原子，すなわち水素ともう一方の炭素としか結合していない．そして，アセチレンもすべての原子は同一平面上にあり，結合角は約 180°であることがわかっている (図 1.17)．

H—C≡C—H　180°

図 1.17　アセチレン分子の構造

アセチレン分子中の結合を説明するためには，メタンの sp^3 混成軌道やエチレン sp^2 混成軌道とは別の混成軌道を考えなくてはならない．

1.5 混成軌道

まず，炭素の不対電子を4つにするために，2s軌道にある電子の1個を2p軌道に昇位させ，$1s^2 2s^1 2p_x^1 2p_y^1 2p_z^1$の電子配置にする (図1.18)．ここまではsp^{3}やsp^{2}混成軌道のときと同じである．次に，1つの2s軌道と1つの2p軌道を混成して，新たにエネルギー的に等価な2つの**sp混成軌道** (sp hybrid orbital, s軌道1つとp軌道1つからなるので) をつくり，それぞれに1個ずつ電子を収める．ここで重要なことは，混成に参加しなかった2p軌道が2つ ($2p_y$と$2p_z$) 残っていることである．

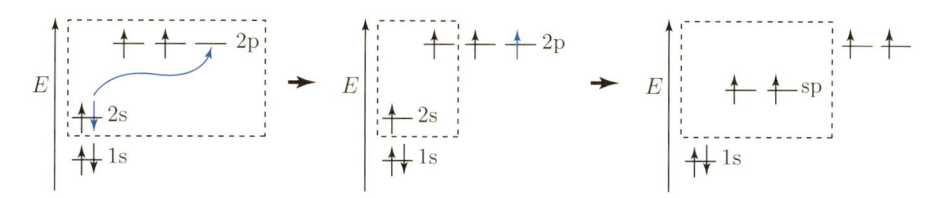

図1.18 炭素原子におけるsp混成軌道の成り立ち

2つのsp混成軌道は，$2p_y$および$2p_z$軌道との電子反発を最小にするとともに，互いがなるべく遠くになるように配置されなければならない．そのため，2つのsp混成軌道は，x軸上で反対の方向に位置する．したがって，結合角は180°となる．2つの混成していないp軌道は互いに直交しており，ともにsp混成軌道とも直交している (図1.19)．

アセチレンにおいては，片方の炭素原子の1つのsp混成軌道がもう一方の炭素原子のsp混成軌道と重なることによって，炭素-炭素σ結合を形成している．また，それぞれの炭素の残りのsp混成軌道が水素のs軌道と重なることによって，炭素-水素σ結合をつくっている (図1.20)．混成していないp軌道のそれぞれは，もう一方の炭素のp軌道と互いに横に平行に並んで重なる．その結果，2つのπ結合が形成される (作図の都合上，図では重なりを破線で示している)．すなわち，アセチレンの三重結合は，1つのσ結合と2つのπ結合からなっている．

図1.19 sp混成軌道の形 (混成軌道の小さいローブは省略)

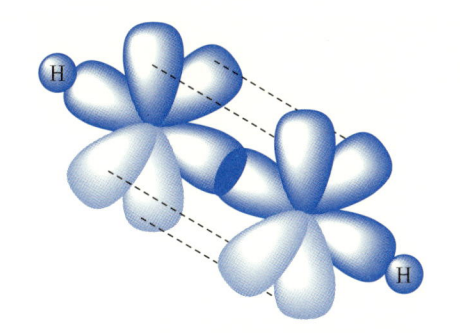

図1.20 アセチレン分子

章末問題 1

1.1 次の化合物のルイス構造式とケクレ構造式を書け．

    (1) 塩化水素   (2) エタノール   (3) アセトン   (4) アセトニトリル
    (5) アニリン   (6) 二酸化炭素   (7) 一酸化炭素   (8) 一酸化窒素

1.2 アンモニアと三フッ化ホウ素について，以下の問いに答えよ．

    (1) ルイス構造式を書け．
    (2) それぞれの分子中の窒素原子およびホウ素原子の混成状態を述べよ．
    (3) それぞれの分子は，どのような立体構造をとるか述べよ．

1.3 メチルカチオン (CH_3^+) とメチルアニオン (CH_3^-) について，以下の問いに答えよ．

    (1) それぞれの化学種の炭素原子の混成状態を述べよ．
    (2) それぞれの化学種は，どのような立体構造をとるか述べよ．

1.4 メタン分子の H–C–H の結合角は 109.5°，アンモニア分子の H–N–H の結合角は 107.3°，水分子の H–O–H の結合角は 104.5°である．このような序列となる理由を説明せよ．

    ∠HCH = 109.5°   ∠HNH = 107.3°   ∠HOH = 104.5°

2

脂肪族炭化水素
―― アルカン，アルケン，アルキン

脂肪族炭化水素は，炭素原子と水素原子のみから構成される有機化合物群である．この中で，アルカンは各炭素原子が水素で飽和されていることから，飽和炭化水素とよばれ，有機化合物の基本骨格をつくり，また命名法の基礎となっている．アルケンは炭素–炭素二重結合を，アルキンは炭素–炭素三重結合を含むことより，不飽和炭化水素に分類される．

2.1 アルカン

アルカンは，メタン (CH_4)，ブタン (C_4H_{10})，オクタン (C_8H_{18}) のように，分子式 C_nH_{2n+2} で表される非環状 (直鎖型や分枝型) の化合物群である．また環状のものをシクロアルカン (C_nH_{2n}) とよぶ．

2.1.1 アルカンの構造と性質

炭素原子数 n が 4 以上のアルカンには，n が同じでも炭素骨格の異なる構造異性体がある．表 2.1 のブタンとイソブタンがその例である．さらに，n が大きくなると，構造異性体はかなりの数になる．例えば，C_6H_{14} では 5 個，$C_{10}H_{22}$ では 75 個，さらに $C_{20}H_{42}$ では 366,319 個も存在する．

構造式は，分子を構成する原子のつながり方を示したものである．構造式の表記法には，短縮構造式やケクレ構造式 (Kekulé structure) のほか，立体構造式，骨格構造式がある (表 2.1)．立体構造式は，すべて sp^3 混成の炭素原子からなるアルカンを 3 次元的に表現するときに用いる．表 2.1 の注釈 *) では，メタン (正四面体) を例にあげて示したが，2 つの炭素–水素結合を紙面上に置くとき (実線で示す)，「⫼」で示した結合は紙面の後ろ側に，「▶」は紙面の手前側にあることを表している．アルカンは実際には，ケクレ構造式のように平坦でなく，表 2.1 の立体構造式で示したようなジグザグした構造をとってい

表 2.1　化合物の構造式

化合物（分子式）	短縮構造式	ケクレ構造式	立体構造式	骨格構造式
メタン CH_4	CH_4		*)	
ブタン C_4H_{10}	$CH_3CH_2CH_2CH_3$			
イソブタン (2-メチルプロパン) C_4H_{10}	CH_3CHCH_3 CH_3			
シクロブタン C_4H_8	H_2C-CH_2 H_2C-CH_2			

*) 紙面の後ろ側／紙面上／紙面の手前側

る．**骨格構造式**は，炭素原子 (C) と炭素-水素結合を省略した表記法で，医薬品や生体機能分子など複雑な化合物を表すときに用いられる．表 2.1 で横に並べた構造式は，同じ化合物を 4 つの表記法で示したものである．

アルカン (C_nH_{2n+2}) の化学的性質はおおよそ似ているが，物理化学的性質は炭素数の数により異なる．常温常圧で，炭素数 n が 1〜4 の直鎖アルカンは気体で，5〜16 は液体，17 以上は固体である．液体，固体のアルカンの密度は水より小さく，水には溶けにくいが，ジエチルエーテルやクロロホルムのような有機溶媒にはよく溶ける．構造異性体の性質を比較すると，一般に分枝分子の方が直鎖分子より沸点が低く，融点は高い．例えば，ブタンの沸点が $-0.5°C$ であるのに対し，イソブタンは $-17°C$ と低い．これは，直鎖アルカンに比べ，分岐アルカン (球形に近い) の表面積が小さく，分子間の引力も小さいためである．

2.1.2 アルカンの命名法

化合物の命名には，昔からの**慣用名**と現在の系統的な **IUPAC** (International Union of Pure and Applied Chemistry) **命名法**が用いられている．IUPAC 命名法による化合物名は基本的に，**母体名**，**接頭語**，**接尾語**，**位置番号**からなって

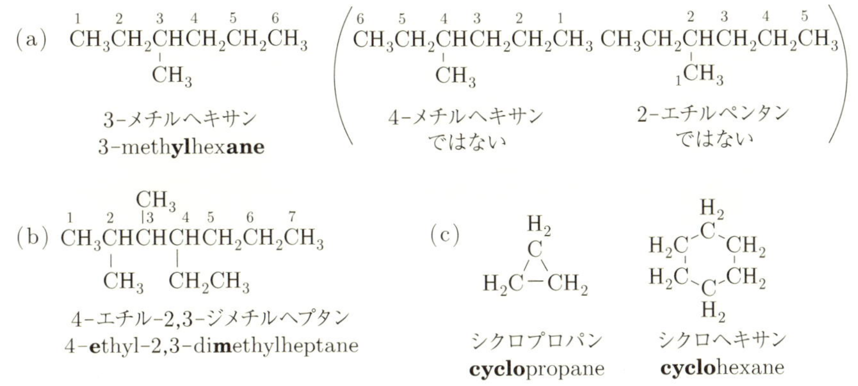

2.1 アルカン

(a) $\overset{1}{C}H_3\overset{2}{C}H_2\overset{3}{C}H\overset{4}{C}H_2\overset{5}{C}H_2\overset{6}{C}H_3$
           |
          CH_3

   $\left(\overset{6}{C}H_3\overset{5}{C}H_2\overset{4}{C}H\overset{3}{C}H_2\overset{2}{C}H_2\overset{1}{C}H_3 \quad CH_3CH_2\overset{2}{C}H\overset{3}{C}H_2\overset{4}{C}H_2\overset{5}{C}H_3 \right.$
                    | |
                   CH_3 CH_3

3-メチルヘキサン   4-メチルヘキサン   2-エチルペンタン
3-meth*yl*hex*ane*   ではない   ではない

(b) $\overset{1}{C}H_3\overset{2}{C}H\overset{3}{C}H\overset{4}{C}H\overset{5}{C}H_2\overset{6}{C}H_2\overset{7}{C}H_3$
          | | |
         CH_3 CH_2CH_3

4-エチル-2,3-ジメチルヘプタン
4-*et*hyl-2,3-*di*methylheptane

(c) $H_2C\!-\!CH_2$ with C at top
       シクロプロパン
       ***cyclo*propane**

       cyclohexane ring
       シクロヘキサン
       ***cyclo*hexane**

図 2.1 代表的なアルカンの命名

いる.① 母体とは,最も炭素数の多い直鎖アルカンのことである (図 2.1(a)).表 2.2 に代表的なアルカンの IUPAC 名 (接尾語は「ane」) と,その置換基としての接頭語 (「ane」を「yl」にする) を示す.② 母体に置換基があれば,最も小さい位置番号を接頭語の前につける (図 (a)).③ 同じ置換基が複数あるときは,<u>倍数接頭語</u> (ギリシャ語の数詞) のジ (di, 2 つ),トリ (tri, 3 つ),テトラ (tetra, 4 つ),ペンタ (penta, 5 つ) などを接頭語の前につける (図 (b)).④ 接頭語はアルファベット順に並べる.置換基の位置番号や倍数接頭語は,接頭語の順番に関係しない (図 (b)).⑤ 環状アルカンでは,直鎖アルカンの名前の前にシクロ (cyclo) をつける (図 (c)).

表 2.2 アルカンの IUPAC 名

分子式	IUPAC名	置換基	接頭語
CH_4	meth**ane**	$-CH_3$	meth**yl**
C_2H_6	eth**ane**	$-C_2H_5$	eth**yl**
C_3H_8	prop**ane**	$-C_3H_7$	prop**yl**
C_4H_{10}	but**ane**	$-C_4H_9$	but**yl**
C_5H_{12}	pent**ane**	$-C_5H_{11}$	pent**yl**
C_6H_{14}	hex**ane**	$-C_6H_{13}$	hex**yl**
C_7H_{16}	hept**ane**	$-C_7H_{15}$	hept**yl**
C_8H_{18}	oct**ane**	$-C_8H_{17}$	oct**yl**
C_9H_{20}	non**ane**	$-C_9H_{19}$	non**yl**
$C_{10}H_{22}$	dec**ane**	$-C_{10}H_{21}$	dec**yl**

2.1.3 アルカンの反応

アルカンは,常温で安定である.メタンと塩素の混合気体を暗所室温で放置しても,反応は起こらない.しかし,この混合物に光を当てると,メタンは激しく反応し,順次クロロメタン,ジクロロメタン,クロロホルム,テトラクロ

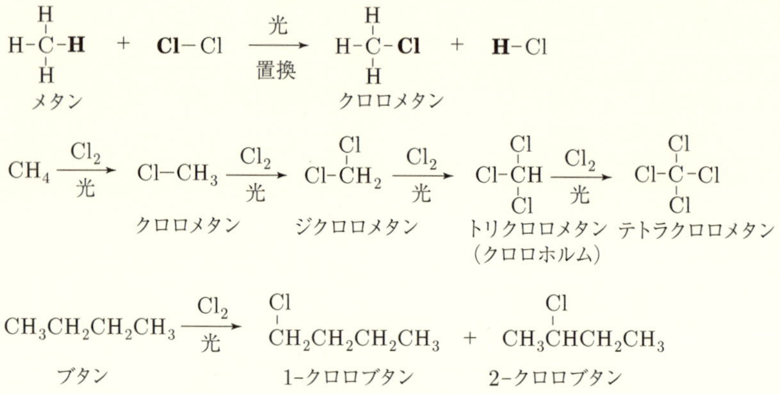

$$CH_4 \xrightarrow[光]{Cl_2} Cl-CH_3 \xrightarrow[光]{Cl_2} Cl-CH_2\overset{Cl}{|} \xrightarrow[光]{Cl_2} Cl-\overset{Cl}{\underset{Cl}{|}}CH \xrightarrow[光]{Cl_2} Cl-\overset{Cl}{\underset{Cl}{|}}\overset{|}{C}-Cl$$

メタン + Cl–Cl →(光,置換) クロロメタン + H–Cl

クロロメタン ジクロロメタン トリクロロメタン(クロロホルム) テトラクロロメタン

$$CH_3CH_2CH_2CH_3 \xrightarrow[光]{Cl_2} \overset{Cl}{\underset{|}{C}}H_2CH_2CH_2CH_3 + CH_3\overset{Cl}{\underset{|}{C}}HCH_2CH_3$$

ブタン　　　　　　　　1-クロロブタン　　　　2-クロロブタン

図 2.2 アルカンの光による塩素化反応

ロメタンになる．ブタンとの反応では，1-クロロブタンと 2-クロロブタンの構造異性体が生成する (図 2.2)．このように，分子中の一部 (原子や基) がほかの原子や基に置き換わる反応を置換反応とよぶ．

2.2 アルケン

アルケンはオレフィンともよばれ，エチレン (C_2H_4，IUPAC 名はエテン)，ブテン (C_4H_8)，オクテン (C_8H_{16}) のように，分子式 C_nH_{2n} で表される炭素–炭素二重結合を含む非環状の化合物群である．また環状のものをシクロアルケン (C_nH_{2n-2}) とよぶ．

2.2.1 アルケンの命名法

アルケンの IUPAC 命名法では，① 二重結合を含む最も長い炭素鎖を母体とし，アルカンの接尾語「ane」を「ene」にする．② 位置番号は二重結合の炭素原子が最小になるように，接尾語「ene」の前につける．なお，位置番号を母体名の前につける CAS (Chemical Abstracts) 命名法も，まだ一般的に用いられている．特に，日本語で表記するときは，自然でわかりやすい (図 2.3)．

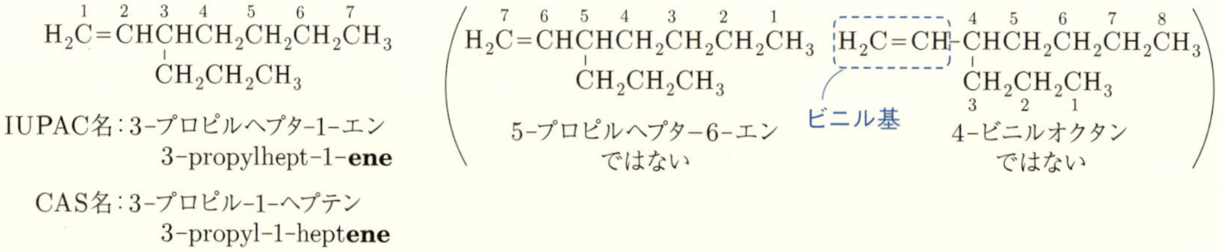

IUPAC名：3-プロピルヘプタ-1-エン
3-propylhept-1-**ene**

CAS名：3-プロピル-1-ヘプテン
3-propyl-1-hept**ene**

(5-プロピルヘプタ-6-エン ではない　　ビニル基　　4-ビニルオクタン ではない)

図 2.3 アルケンの命名法

2.2.2 アルケンの構造

エチレンは，2つの sp^2 混成の炭素原子からなる二重結合 (σ 結合と π 結合) で構成され，すべての炭素と水素原子が同一平面にある．2-ブテン (ブタ-2-エン) には，2つのメチル基どうしが二重結合をはさんで反対側にあるトランス ($trans$-) と同じ側にあるシス (cis-) の2つの幾何異性体 (またはシス-トランス異性体) が存在する．ブタンは炭素-炭素単結合で容易に回転できるが，2-ブテンは二重結合の縛りにより回転できない (図 2.4)．

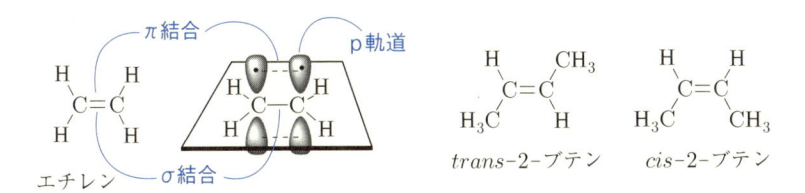

図 2.4 エチレンの構造とアルケンのシス，トランス異性体

2.2.3 アルケンの合成

エタノールを濃硫酸と 160〜170°C で加熱すると，隣り合う H と OH とが水分子として脱離してエチレンが生成する．また，2-メチル-2-プロパノールを濃硫酸と加熱すると，2-メチルプロペンが得られる．このほかの合成法として，ハロアルカンからハロゲン化水素の脱離 (6 章) やアルキンの水素付加反応 (2.3.3 項) などがある．

$$\text{エタノール} \xrightarrow[\text{脱離}]{H_2SO_4, 160\sim170°C} \text{エチレン} + H\text{-}OH \tag{2.1}$$

$$\text{2-メチル-2-プロパノール} \xrightarrow{H_2SO_4, 25°C} \text{2-メチルプロペン} + H_2O \tag{2.2}$$

2.2.4 アルケンの反応

安定なアルカンと異なり，アルケンでは二重結合への付加反応が容易に起こる．付加反応は，反応剤 (**X-Y**) の **X** と **Y** が二重結合の炭素原子とそれぞれ結合し，X, Y-置換アルカンを生成する．**X-Y** としては，ハロゲン化水素 (HCl, HBr, HI)，水，ハロゲン (Cl_2, Br_2) などが代表的である．アルケンの還元 (**X**, **Y** = H) と酸化反応 (**X**, **Y** = OH) も重要な付加反応である (図 2.5)．

$trans$-2-ブテンに HBr を反応させると，π 結合が切れると同時に C-H 結合

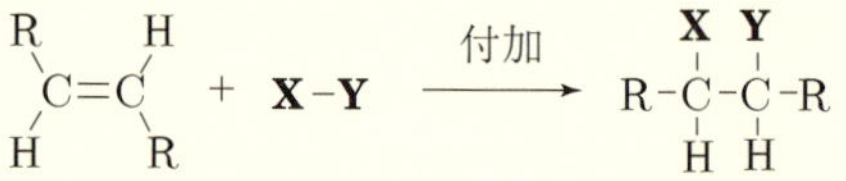

$$\underset{\substack{\text{アルケン}\\ \text{R}=\text{置換基の一般式}}}{\overset{R}{\underset{H}{C}}=\overset{H}{\underset{R}{C}}} + \mathbf{X-Y} \xrightarrow{\text{付加}} \underset{\substack{\text{X,Y-置換アルカン}\\ \mathbf{X,Y}=\text{原子あるいは置換基}}}{R-\overset{\mathbf{X}}{\underset{H}{C}}-\overset{\mathbf{Y}}{\underset{H}{C}}-R}$$

図 2.5　アルケンへの **X-Y** の付加

とC-Br結合ができ，2-ブロモブタンが生成する．シクロヘキセンへのHClの付加反応では，クロロヘキサンが得られる．なお，骨格構造式を用いて反応を表す場合，生成物も含め炭素および水素原子が省略されるので注意する．

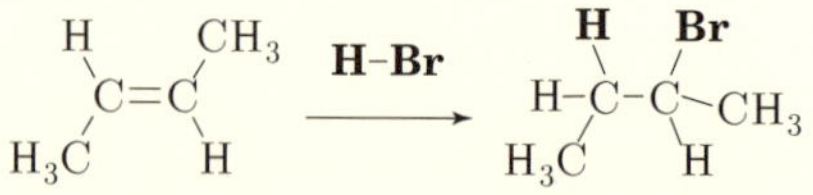

$$\underset{trans\text{-}2\text{-}\text{ブテン}}{\overset{H}{\underset{H_3C}{C}}=\overset{CH_3}{\underset{H}{C}}} \xrightarrow{\mathbf{H-Br}} \underset{2\text{-}\text{ブロモブタン}}{H-\overset{H}{\underset{H_3C}{C}}-\overset{Br}{\underset{H}{C}}-CH_3} \tag{2.3}$$

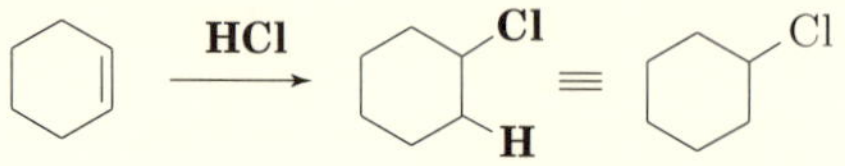

$$\underset{\text{シクロヘキセン}}{\bigcirc\!\!\!=} \xrightarrow{\mathbf{HCl}} \underset{\text{クロロシクロヘキサン}}{\overset{Cl}{\underset{H}{\bigcirc}}} \equiv \overset{Cl}{\bigcirc} \tag{2.4}$$

エタノールは，リン酸を触媒に用い，エチレンに水分子(水蒸気)を付加させる方法で工業的に合成される．この反応は水和反応ともよぶ．なお，アルケンへの水和反応は，酸触媒が存在しないと起こらない．

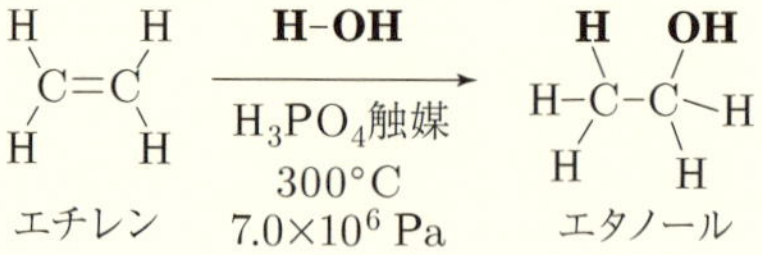

$$\underset{\text{エチレン}}{\overset{H}{\underset{H}{C}}=\overset{H}{\underset{H}{C}}} \xrightarrow[\substack{300°C\\ 7.0\times 10^6\,\text{Pa}}]{\mathbf{H-OH}\ \ H_3PO_4\text{触媒}} \underset{\text{エタノール}}{H-\overset{H}{\underset{H}{C}}-\overset{OH}{\underset{H}{C}}-H} \tag{2.5}$$

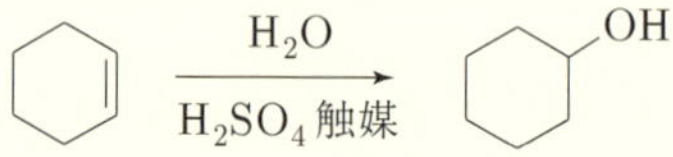

$$\underset{\text{シクロヘキセン}}{\bigcirc} \xrightarrow[H_2SO_4\text{触媒}]{H_2O} \underset{\text{シクロヘキサノール}}{\bigcirc\!\!\text{-}OH} \tag{2.6}$$

エチレンに塩素(Cl_2)を反応させると，ポリ塩化ビニルなどの原料となる1,2-ジクロロエタンが生成する．シクロペンテンへの臭素(Br_2)の付加反応では，臭素原子が環の上と下側でそれぞれ結合した1,2-ジブロモシクロペンタンを与える．臭素の付加により臭素の赤褐色が消えるので，二重結合の有無を知ることができる．

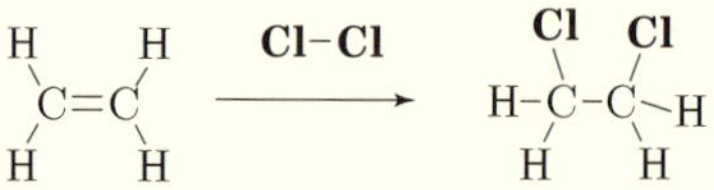

$$\underset{\text{エチレン}}{\overset{H}{\underset{H}{C}}=\overset{H}{\underset{H}{C}}} \xrightarrow{\mathbf{Cl-Cl}} \underset{1,2\text{-}\text{ジクロロエタン}}{H-\overset{Cl}{\underset{H}{C}}-\overset{Cl}{\underset{H}{C}}-H} \tag{2.7}$$

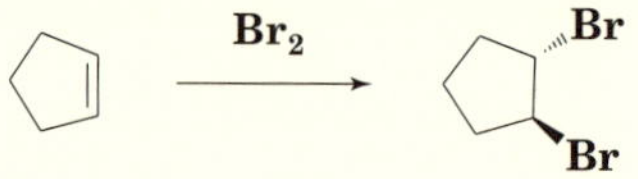

$$\underset{\text{シクロペンテン}}{\bigcirc} \xrightarrow{\mathbf{Br_2}} \underset{1,2\text{-}\text{ジブロモシクロペンタン}}{\overset{Br}{\underset{Br}{\bigcirc}}} \tag{2.8}$$

白金 (Pt)，パラジウム (Pd)，ニッケル (Ni) などの金属触媒を用いアルケンと水素とを反応させると，水素の付加が起こり対応するアルカンが生成する．この反応は，接触水素化あるいは接触還元とよばれる．

$$\underset{\text{プロペン}}{\underset{H_3C}{\overset{H}{>}}C=C\underset{H}{\overset{H}{<}}} \xrightarrow[\text{Pt触媒}]{\text{H-H}} \underset{\text{プロパン}}{\underset{H_3C}{\overset{H}{|}}\underset{H}{\overset{H}{C}}-\underset{H}{\overset{H}{C}}-H} \quad (2.9)$$

$$\underset{\text{シクロペンテン}}{\bigcirc} \xrightarrow[\text{Pd-C}]{H_2} \underset{\text{シクロペンタン}}{\bigcirc} \quad (2.10)$$

シクロペンテンに四酸化オスミウム (OsO$_4$) を反応させると，環状オスミウム酸エステル中間体が生じる．これを加水分解すると，環の同じ側に 2 つのヒドロキシ基が結合したシクロペンタン-1,2-ジオールが得られる．なお，不安定な反応中間体は [ ] でくくり，生成物と区別する．

$$\underset{\text{シクロペンテン}}{\bigcirc} \xrightarrow{\text{OsO}_4} \underset{\substack{\text{環状オスミウム酸エステル}\\\text{中間体}}}{\left[\bigcirc\right]} \xrightarrow[\text{H}_2\text{O}]{\text{NaHSO}_3} \underset{\text{シクロペンタン-1,2-ジオール}}{\bigcirc\text{OH,OH}} \quad (2.11)$$

2-メチル-2-ペンテンをオゾン (O$_3$) と反応させると，不安定なオゾニド中間体が生成する．これをジメチルスルフィド (S(CH$_3$)$_2$) で処理をすると，炭素-炭素二重結合が切断され，酸素-炭素二重結合をもつアセトンとプロパナールが得られる．この反応はオゾン分解とよばれる．オゾン分解は，ケトンやアルデヒドを合成するためだけでなく，二重結合の位置を調べる場合にも用いられる．

$$\underset{\text{2-メチル-2-ペンテン}}{\underset{H_3C}{\overset{H_3C}{>}}C=C\underset{CH_2CH_3}{\overset{H}{<}}} \xrightarrow{O_3} \underset{\text{オゾニド中間体}}{[\cdots]} \xrightarrow{S(CH_3)_2} \underset{\text{アセトン}}{\underset{H_3C}{\overset{H_3C}{>}}C=O} + \underset{\text{プロパナール}}{O=C\underset{CH_2CH_3}{\overset{H}{<}}} \quad (2.12)$$

2.3 アルキン

アセチレン (C$_2$H$_2$，IUPAC 名はエチン) は，炭素-炭素三重結合を 1 つもつアルキン (C$_n$H$_{2n-2}$) の最小単位である．この命名法は，① 三重結合を含む最も長い炭素鎖を母体とし，アルカンの接尾語「ane」を「yne」にする．② 位置番号は三重結合の炭素原子が最小になるように，接尾語「yne」の前につける (図 2.6)．

$$\underset{\substack{\text{IUPAC名：3-プロピルヘプタ-1-イン}\\\text{3-propylhept-1-}\textbf{yne}\\\text{CAS名：3-プロピル-1-ヘプチン}\\\text{3-propyl-1-hept}\textbf{yne}}}{\overset{1\ 2\ 3\ 4\ 5\ 6\ 7}{HC\equiv CCHCH_2CH_2CH_2CH_3}\atop \underset{}{CH_2CH_2CH_3}}
\qquad
\left(\underset{\substack{\text{4-エチニルオクタン}\\\text{ではない}}}{\overset{4\ 5\ 6\ 7\ 8}{HC\equiv C-CHCH_2CH_2CH_2CH_3}\atop \underset{3\ 2\ 1}{CH_2CH_2CH_3}}\right)$$

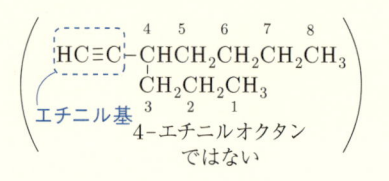

エチニル基

図 2.6　アルキンの命名

2.3.1　アルキンの構造

アセチレンは，2 つの sp 混成の炭素原子からなる三重結合 (σ 結合と 2 つの π 結合) で構成され，すべての炭素原子と水素原子が一直線上にある (図 2.7)．炭素-炭素三重結合 (120 pm) は，二重結合 (134 pm)，単結合 (154 pm) よりも短い．

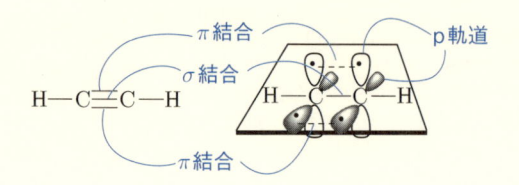

図 2.7　アセチレンの構造

2.3.2　アルキンの合成

炭化カルシウムを水に入れると，アセチレンが発生する．アルキンの代表的な合成法として，アルケンに臭素を付加させて得られるジブロモアルカンに，強塩基 (ナトリウムアミド (NaNH$_2$) など) を作用させて，2 分子の HBr を脱離させる方法がある．

$$CaC_2 + 2H_2O \longrightarrow HC\equiv CH + Ca(OH)_2 \qquad (2.13)$$
炭化カルシウム　　　　　　　　アセチレン

$$\underset{\text{1-ヘキセン}}{H_2C=CH-(CH_2)_3CH_3} \xrightarrow[\text{付加}]{Br_2} \underset{\text{1,2-ジブロモヘキサン}}{BrCH_2-CHBr-(CH_2)_3CH_3} \xrightarrow[\substack{-2\,HBr\\\text{脱離}}]{NaNH_2} \underset{\text{1-ヘキシン}}{H-C\equiv C-(CH_2)_3CH_3}$$

(2.14)

2.3.3　アルキンの反応

アルキンに反応剤 (**X**-**Y**) が 1 分子付加すると，X,Y-置換アルケンが生成し，さらに **X**-**Y** が付加すると，X,X,Y,Y-置換アルカンが得られる (図 2.8)．

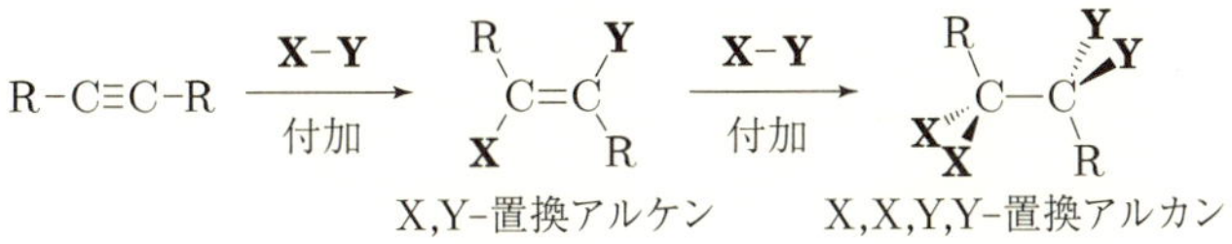

2.3 アルキン

図 2.8 アセチレンへの **X-Y** の付加

2-ブチンと1当量のHBrとの反応では，2-ブロモ-2-ブテンが生成する．2-ブチンと2当量のHBrとの反応では2段階目の付加反応も起こり，2,2-ジブロモブタンが得られる．

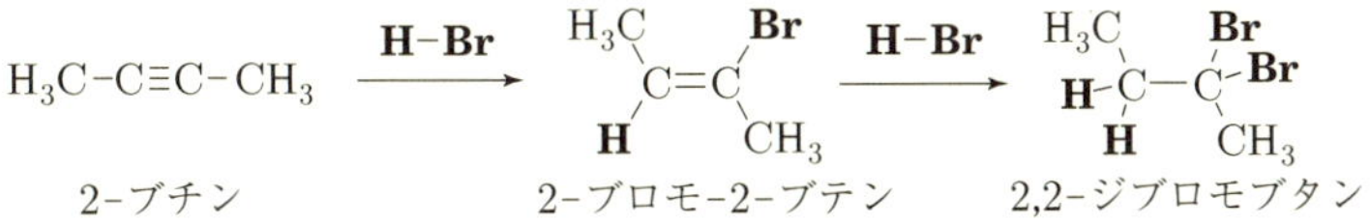

$$H_3C-C\equiv C-CH_3 \xrightarrow{\text{H-Br}} \text{2-ブロモ-2-ブテン} \xrightarrow{\text{H-Br}} \text{2,2-ジブロモブタン} \tag{2.15}$$

アセチレンを希硫酸中 $HgSO_4$ 触媒とともに反応させると，水が1分子付加した不安定なビニルアルコール中間体を経て，アセトアルデヒドが得られる．3-ヘキシンを同様に反応させると，3-ヘキサノンが得られる．

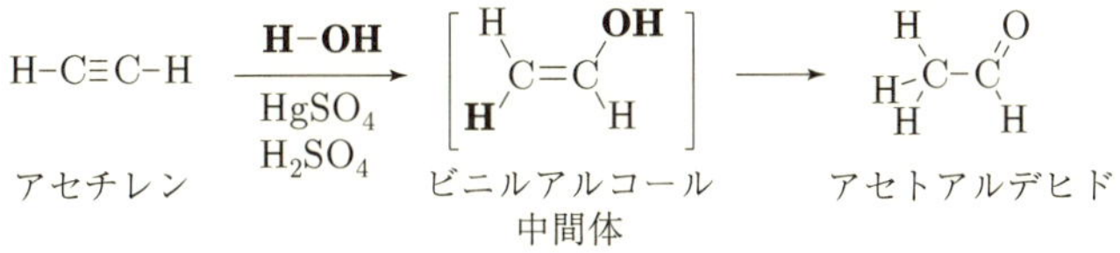

$$H-C\equiv C-H \xrightarrow[H_2SO_4]{\text{H-OH} \atop HgSO_4} [\text{ビニルアルコール中間体}] \longrightarrow \text{アセトアルデヒド} \tag{2.16}$$

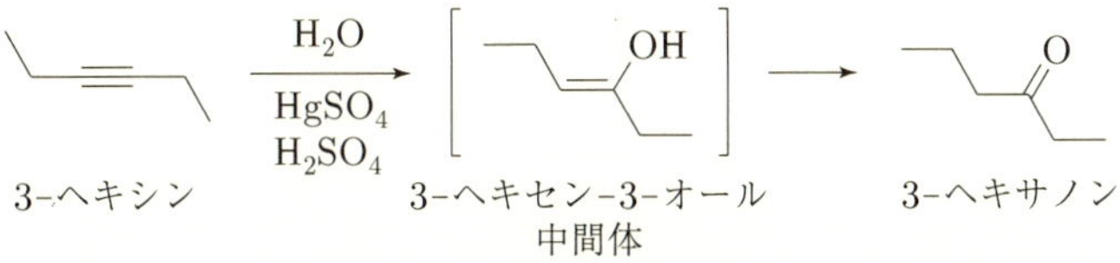

$$\text{3-ヘキシン} \xrightarrow[H_2SO_4]{H_2O \atop HgSO_4} [\text{3-ヘキセン-3-オール中間体}] \longrightarrow \text{3-ヘキサノン} \tag{2.17}$$

3-ヘキシンをパラジウム炭素 (Pd-C) 触媒存在下水素と反応させると，まず3-ヘキセンが生成し，さらに水素が付加してヘキサンになる．このとき，リンドラー触媒 $(Pd/CaCO_3/Pb(O_2CCH_3)_2)$ を用いれば，1段階目で反応が

Lindlar, Herbert (1909-)

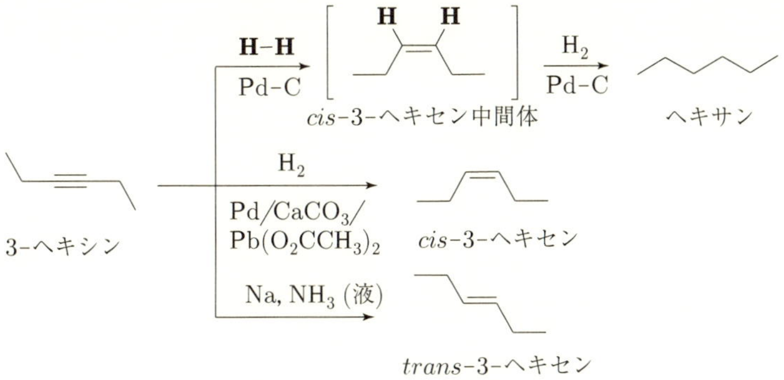

図 2.9 アルキンの還元

停止し，2つの水素原子が二重結合の同じ側で結合した *cis*-3-ヘキセンが得られる．一方，液体アンモニア (沸点 −33°C) 中金属 Na を作用させると，*trans*-3-ヘキセンが得られる．このように，1つのアルキンからアルケンの2つの幾何異性体をつくり分けることができる (図 2.9).

章末問題 2

2.1 次の分子式をもつ炭化水素の構造異性体 (幾何異性体も含む) をすべてあげ，骨格構造式で書け．また，それぞれの化合物名を答えよ．

(1) C_6H_{14} のアルカン (2) C_5H_{10} のアルケン (3) C_5H_8 のアルキン

2.2 (1)〜(3) の反応生成物 **A**〜**C** の構造式と，(4) の反応剤 **D** の分子式を示せ．

(1) シクロヘキセン + Br_2 ⟶ **A**

(2) シクロヘキセン $\xrightarrow[\text{2. NaHSO}_3, \text{H}_2\text{O}]{\text{1. OsO}_4}$ **B**

(3) プロペン + H_2O $\xrightarrow[\text{触媒}]{H_2SO_4}$ **C**

(4) プロペン + **D** ⟶ 2-クロロプロパン (Cl 付加体)

2.3 非環状の不飽和炭化水素 **A** (C_6H_{10}, 1 mol) に Pd–C 触媒下，水素 (1.3 mol) を反応させると，3 種類の炭化水素 **B**, **C**, **D** が生成した．**B**〜**D** のオゾン分解は，下記のような結果となった．**A**〜**D** の構造式を示せ．

A (1.0 mol) $\xrightarrow[\text{Pd–C}]{H_2 \ (1.3 \ \text{mol})}$
- **B** $\xrightarrow[\text{2. S(CH}_3)_2]{\text{1. O}_3}$ $(H_3C)_2C=O$ + $O=CH\text{-}CH_2CH_3$
- **C** $\xrightarrow[\text{2. S(CH}_3)_2]{\text{1. O}_3}$ $H_3C\text{-}CH\text{-}CH_2\text{-}C(H)=O$ (isobutyraldehyde) + $O=CH_2$
- **D** $\xrightarrow[\text{2. S(CH}_3)_2]{\text{1. O}_3}$ 反応しない

2.4 次のアルキンと，各反応剤との反応で得られる生成物の構造式を示せ．

(1) 3-ヘキシン/HCl (2 当量) (2) 2-ブチン/H_2O, H_2SO_4, $HgSO_4$

(3) 2-ブチン/液体 NH_3 中 Na (4) 2-ペンチン/H_2, リンドラー触媒

3

異性体と立体化学

　同じ分子式であっても構造が異なり，物理的あるいは化学的性質が同一でない物質どうしを異性体とよぶ．本章では，異性体の種類と立体化学 (3 次元的な構造) について学ぶ．

3.1　有機化合物と異性体

　異性体 (isomer) は，物質を構成する原子の結合の順番や結合関係が異なる構造異性体 (constitutional isomer) と，原子の結合の順番や結合関係は同じであるが立体的 (空間的) な構造が異なる立体異性体 (stereoisomer) に分類される．立体異性体はさらに，鏡像異性体 (enantiomer)，ジアステレオ異性体 (diastereomer)，配座異性体 (conformational isomer) に分類される．

3.2　構造異性体

　構造異性体は，原子の結合順序，不飽和結合の位置，メチル基やヒドロキシ基などの置換基の結合位置，置換基の種類などの違いにより生じる異性体で，沸点・融点をはじめとする物理的性質や化学的な反応性が異なる．

3.2.1　炭素原子の結合順序の違いによる構造異性体

　C_nH_{2n+2} の一般式で表されるアルカンは，炭素原子数が 4 個以上になると，炭素原子の結合順序 (炭素骨格) の異なる構造異性体が生じる．C_4H_{10} には 2 種類の，C_5H_{12} には 3 種類の構造異性体が存在する (図 3.1)．

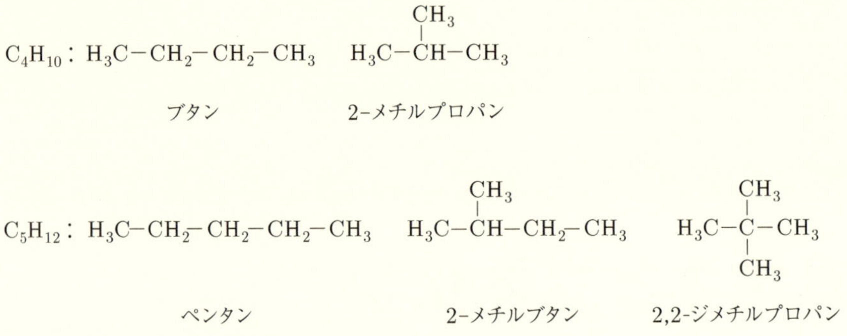

C_4H_{10}: $H_3C-CH_2-CH_2-CH_3$　　$H_3C-CH(CH_3)-CH_3$

　　　　　　ブタン　　　　　　　　　　2-メチルプロパン

C_5H_{12}: $H_3C-CH_2-CH_2-CH_2-CH_3$　　$H_3C-CH(CH_3)-CH_2-CH_3$　　$H_3C-C(CH_3)_2-CH_3$

　　　　　　ペンタン　　　　　　　　　　　2-メチルブタン　　　　　　　　2,2-ジメチルプロパン

図 3.1　ブタンとペンタンの構造異性体

3.2.2　置換基の位置の違いによる構造異性体

2 置換ベンゼンであるクレゾール (C_7H_8O) には，3 種類の構造異性体が存在する (図 3.2)．

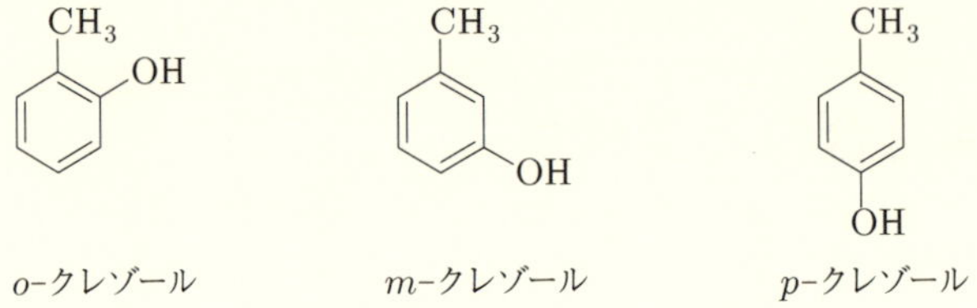

o-クレゾール　　　m-クレゾール　　　p-クレゾール

図 3.2　クレゾールの 3 種類の構造異性体

3.2.3　官能基の種類の違いによる構造異性体

分子式 C_2H_6O で表される化合物には，アルコール (エタノール) とエーテル (ジメチルエーテル) という官能基が異なる 2 種類の構造異性体が存在する．エタノールは分子間水素結合をつくるため，ジメチルエーテルより沸点が極めて高い (図 3.3).

H_3C-CH_2-OH　　　　　$H_3C-O-CH_3$

エタノール　　　　　　　ジメチルエーテル
(沸点 78°C)　　　　　　　(沸点 −25°C)

図 3.3　エタノールとジメチルエーテル

3.3　立体異性体

同じ分子式をもち原子の結合の順番や結合関係は同じであるが，立体的 (空間的) な構造 (配列) が異なる異性体を<u>立体異性体</u>という．炭素原子の 4 個の sp³ 軌道を，4 個の軌道の関係を等しく (等価) かつ空間的に可能な限りぶつからないようにするためには，炭素原子を正四面体の中央におけばよい．すべて

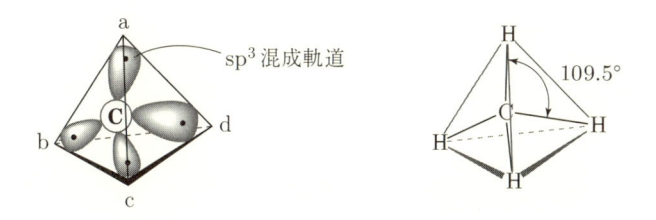

図 3.4　sp³ 炭素原子の立体構造

の結合角は 109.5°となる．多くの立体異性体は，このような炭素原子の立体的な構造に基づく (図 3.4)．

3.4 立体構造の表し方

図 3.5 のように，立体構造を視覚的に理解するためには分子模型を使うことが一番よい方法であるが，常に手元に分子模型を置いておくことは困難である．ステレオ図で表す方法が次にわかりやすいが，パーソナルコンピュータと構造式を作画するソフトウエアが必要である．ノートなどの紙面上 (2 次元上) に，分子を立体的に表現する手段として以下の 4 つの方法がある．

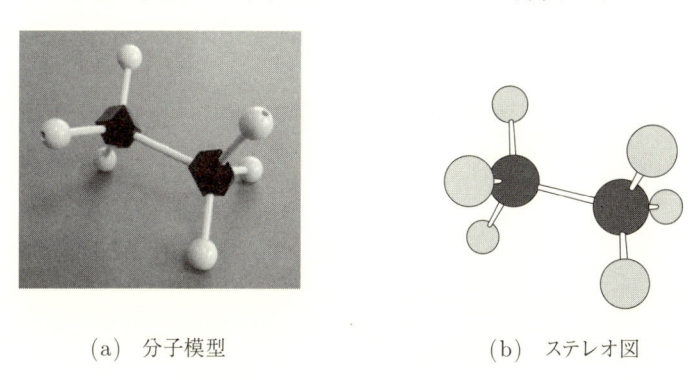

(a)　分子模型　　　　(b)　ステレオ図

図 3.5　エタンの立体構造

3.4.1　破線-くさび形表示

破線-くさび形表示では，くさび線は紙面から手前側に伸びている結合を，破線は紙面より後ろ側に伸びている結合を表す．実線は紙面上にある結合を示している．一般的に広く利用されている (図 3.6)．

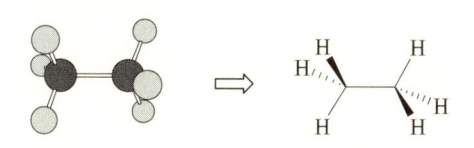

図 3.6　エタンの破線-くさび形表示

3.4.2　木びき台表示

木びき台表示は，分子を斜めの方向からみて，角度の表現によって立体を表現する (図 3.7).

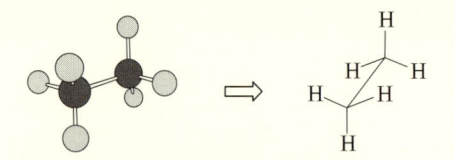

図 **3.7**　エタンの木びき台表示

3.4.3　ニューマン投影式

ある炭素原子とその隣にある炭素原子をそれぞれ前方と後方 (奥) に重なり合うように置き，前方から奥を見通した図を**ニューマン投影式** (Newman projection) という．前方の炭素原子は中心の点で表され，後方の炭素原子は円で表される．2 個の炭素原子に着目し，各炭素原子に結合した置換基の立体的な関係を表すのに適している (図 3.8).

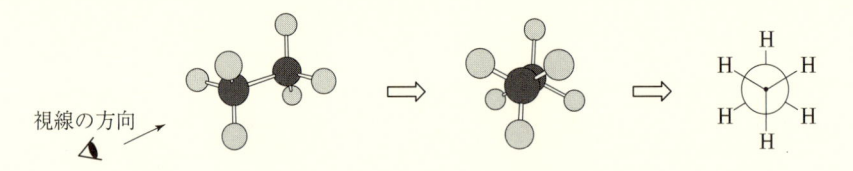

視線の方向

図 **3.8**　エタンのニューマン投影式

3.4.4　フィッシャー投影式

正四面体炭素原子を 2 本の交差する線で表した図を**フィッシャー投影式** (Fischer projection) という．水平方向の線は紙面より手前にある結合 (くさび線) を，上下方向の線は紙面より後ろ側にある結合 (破線) を表す．糖やアミノ酸の構造を表す場合に用いられることが多い (図 3.9).

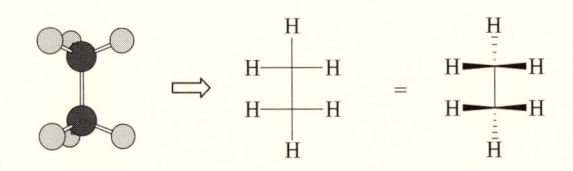

図 **3.9**　エタンのフィッシャー投影式

3.5 キラリティーと鏡像異性体

右手用の野球のグローブを鏡に映した像は，左手用のグローブである．右手用のグローブと左手用のグローブは，グローブとしての材質やつくりは全く同じであるが，互いのグローブを重ね合わせることはできない．実像と鏡像は別のものである．分子構造においても，同様な関係にあるものがある．

炭素原子の正四面体構造の各頂点に水素原子，メチル基，アミノ基，カルボキシ基を結合させて，アミノ酸 (アラニン) 分子をつくる (実像)．これを鏡に映した構造のアラニン (鏡像) と実像のアラニンも，やはり重ね合わせることはできない．すなわち，アラニンには互いに重ね合わせることができない一対の2個の分子が存在する．このような分子をキラル (chiral) な分子とよび，この特徴をキラリティー (chirality) という．そして，もとの分子 (実像) に対して鏡像関係にある他方の分子を鏡像異性体という．このような異性体は，一般に炭素原子に4個の異なる原子もしくは官能基が結合した場合にみられ，その炭素原子をキラル炭素原子 (chiral carbon atom) または不斉炭素原子 (asymmetric carbon atom) とよぶ．一方，炭素原子に水素原子，水素原子，アミノ基，カルボキシ基が結合したアミノ酸 (グリシン) はキラリティーをもたず，アキラル (achiral) な分子である (図 3.10)．

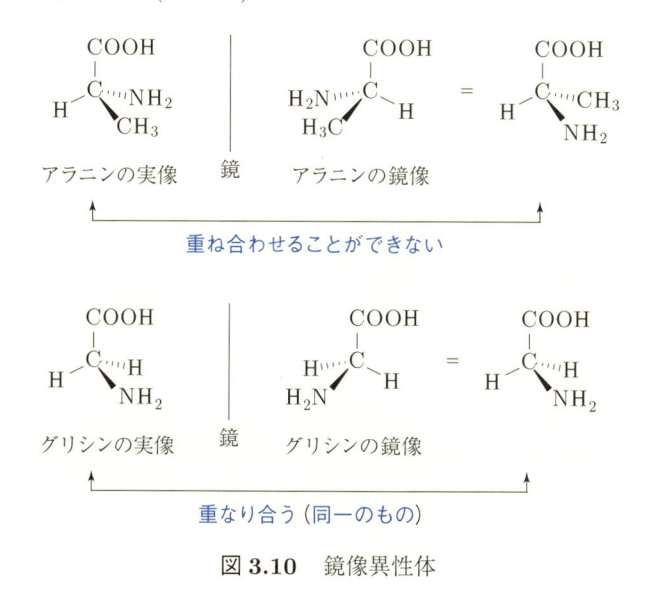

図 3.10 鏡像異性体

3.6 光学活性

通常の光は光の進行方向に直角にあらゆる面で振動する電磁波であり，これを偏光板に通すとただ一方向の面内で振動する光 (平面偏光) となる．この光をキラルな分子の一方の鏡像異性体を溶かした溶液に通すと，平面偏光が回転する現象がみられる (図 3.11)．平面偏光の回転が右回りのものを右旋性

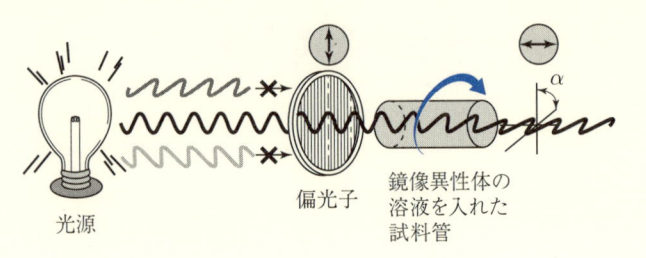

図 3.11 光学活性と偏光性

(dextrotatory; d-体もしくは (+)-体), 左回りのものを左旋性 (levorotatory; l-体もしくは (−)-体) という. このように, 平面偏光を回転させる性質を光学活性とよび, この性質をもつ物質を光学活性体 (optically-active substance) という. すなわち, キラルな分子の一方の鏡像異性体は光学活性であることから, 光学異性体 (optical isomer) ともよぶ. アキラルな分子は鏡像異性体をもたず, 光学不活性である. 平面偏光の回転の程度を比較しやすくするため, 平面偏光の回転角 α を, 溶液を入れる試料管の長さ l (dm; 1 dm = 10 cm) と溶液の濃度 c (g/mL) で割った値を比旋光度 (specific rotation) と定義する. 比旋光度は, 通常ナトリウムの D 線 (波長 589.6 nm) を光源として用い

$$[\alpha]_D^T = \frac{\alpha}{l \times c} \quad (\text{T は測定温度})$$

の式で表す. 単位はつけない.

鏡像異性体の関係にある化合物の沸点, 融点, 密度, 溶解度などの性質は両者で同じで, 化学的反応性もほとんど同じである. 平面偏光を回転させる向きだけが異なるので, 比旋光度の絶対値が同じで符号が逆となる. A の立体構造で表されるアラニンの比旋光度は +14.5 (6 mol/L 塩酸溶液中) で, (+)-アラニン ((d)-アラニン), B の立体構造で表されるアラニンの比旋光度は −14.5 (6 mol/L 塩酸溶液中) で, (−)-アラニン ((l)-アラニン) である. (+)-アラニンと (−)-アラニンの等量混合物の比旋光度は 0 で, 光学不活性である. このように, (+)-体と (−)-体の等量混合物をラセミ体 (racemate) あるいはラセミ混合物 (racemic mixture) とよび, 互いに旋光性を打ち消し合って光学活性を示さなくなる. ラセミ体は, (±)-アラニンあるいは (dl)-アラニンのように, 化合物名の前に (±) もしくは (dl) をつけて表示する (図 3.12).

A
(+)-アラニン
((d)-アラニン)
$[\alpha]_D$ +14.5

B
(−)-アラニン
((l)-アラニン)
$[\alpha]_D$ −14.5

(+)-アラニン ((d)-アラニン) と
(−)-アラニン ((l)-アラニン) の
1:1 混合物
(±)-アラニン ((dl)-アラニン)
$[\alpha]_D$ 0

図 3.12 光学活性と比旋光度

3.7 立体配置の表示法

アラニンの構造式を破線-くさび形表示を用いて描けば，2個の鏡像異性体どうしを視覚的に区別して表示できる．しかし，常に構造式を書くことは大変であり，キラル中心における原子や官能基の3次元的な配置(これを**絶対立体配置** (absolute configuration) という)を簡単な記号を使って表せれば便利である．その方法に (R, S) 表示がある．また，類似した構造の立体異性体が多い糖やアミノ酸については，一般に (D, L) 表示が使用される．

3.7.1 (R, S) 表示

不斉炭素原子の (R, S) 表示は，次の手順に従って決定する．① 不斉炭素原子に結合している原子あるいは置換基を，カーン-インゴールド-プレローグ (Cahn-Ingold-Prelog, CIP) の順位則に従って順位をつける．② 順位の一番低い原子もしくは置換基を後方になるように置き，手前から残りの3個の原子もしくは置換基をみる．③ 順位の高い方から順番にたどったとき，それが右回りであれば R (rectus)，左回りであれば S (sinister) と定義する (図 3.13，図 3.14)．

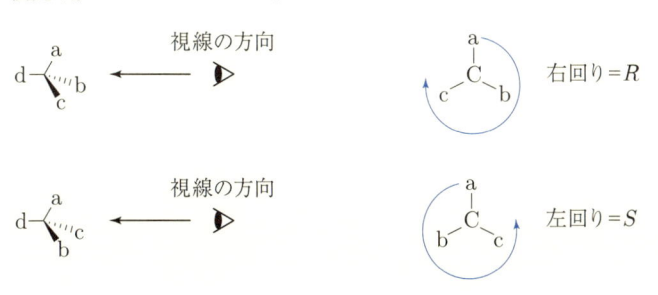

図 3.13 (R, S) 表示の決め方

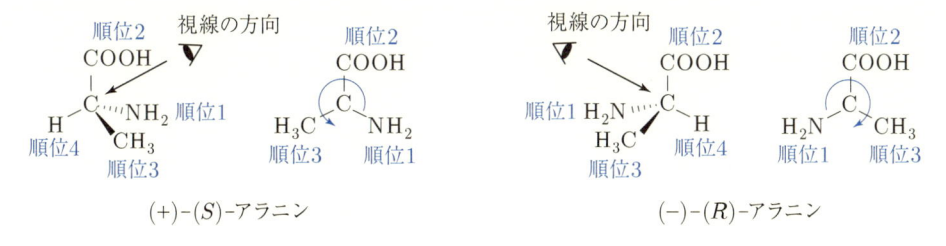

図 3.14 アラニンの (R, S) 表示

カーン-インゴールド-プレローグの順位則

(1) 不斉炭素原子に直接結合している原子を比べて，原子番号の大きい原子を上位順位とする．

  例：Br (臭素) > Cl (塩素) > S (イオウ) > O (酸素) > N (窒素) > C (炭素) > H (水素)

(2) 原子番号が同じときは，質量数の大きい方を上位順位とする．

  例：^{2}H(D) > ^{1}H

(3) 不斉炭素原子に直接結合している原子が同じ場合は，次に結合している原子で比較する．2番目で順位が決まらない場合は，決まるまで3番目，4番目の原子を比較し，上位順位を決定する．分枝している場合は，より優先順位が高い方の原子の方向に進んで，上位順位を決定する．

  例：エチル基 (–CH$_2$CH$_3$) とプロピル基 (–CH$_2$CH$_2$CH$_3$) を比較すると，1番目の原子は C でそれに結合した原子はどちらも C, H, H であり，優先順位は決まらない．そこで，その先の炭素原子を比較すると (2番目の炭素原子)，エチル基は3個の H が結合しているのに対し，プロピル基では1個の C と2個の H が結合しており，プロピル基の方が上位順位となる (図 3.15)．

(4) 二重結合や三重結合をもつときは，同じ元素が結合の数だけついているものとする (図 3.16)．

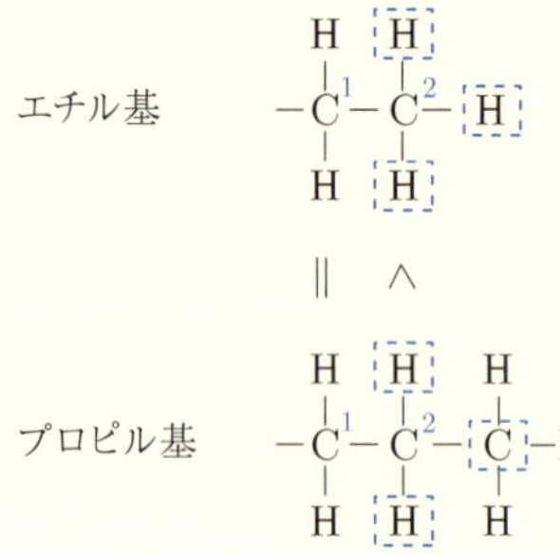

図 3.15　優先順位の決め方 (1) 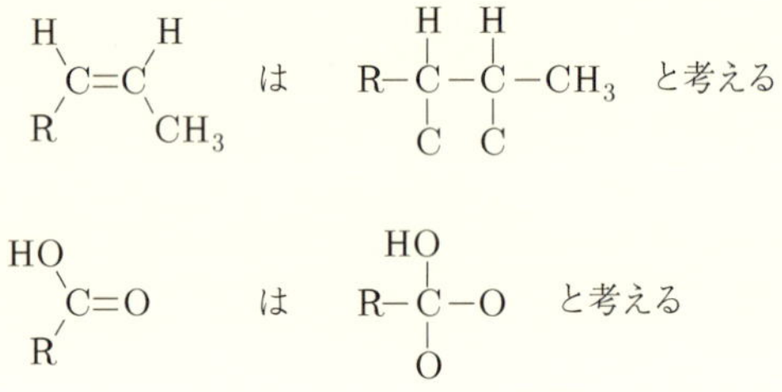　　　図 3.16　優先順位の決め方 (2)

3.7.2 (D, L) 表示

糖やアミノ酸については，一般に (D, L) 表示が使用されることが多い (図 3.17)．グリセルアルデヒドをフィッシャー投影式で表す際に，酸化度の高い方の官能基 (–CHO) を上に，低い方の官能基 (–CH$_2$OH) を下になるように描いたとき，一番下の不斉炭素原子のヒドロキシ基が右になるものを D (*dextro*)-体，左になるものを L (*levo*)-体と定義する．糖やアミノ酸の場合，D-(+)-グリセルアルデヒドに関連づけられる立体配置をもつものは D-体，その鏡像異性体は L-体となる．例えば，グルコースでは，鎖状構造のアルデヒド基を上に，第1級アルコールを下になるように描いたとき，一番下

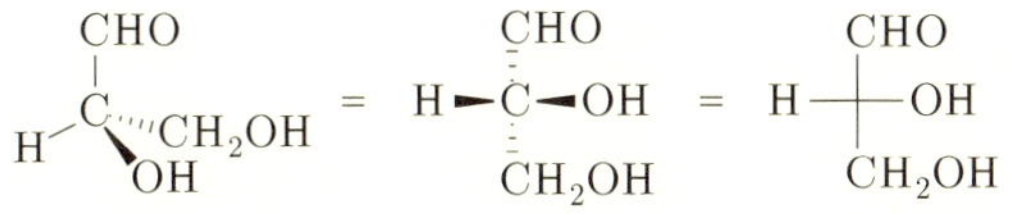

(+)-(*R*)-グリセルアルデヒド = D-グリセルアルデヒド

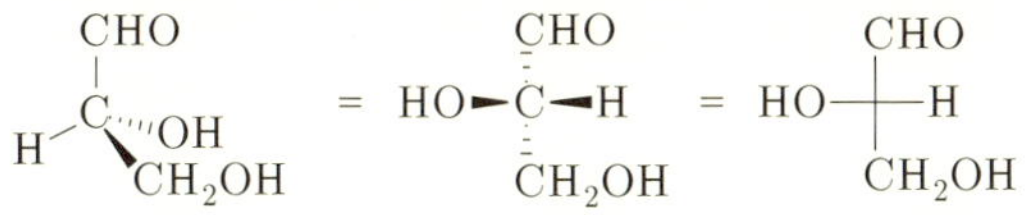

(−)-(*S*)-グリセルアルデヒド = L-グリセルアルデヒド

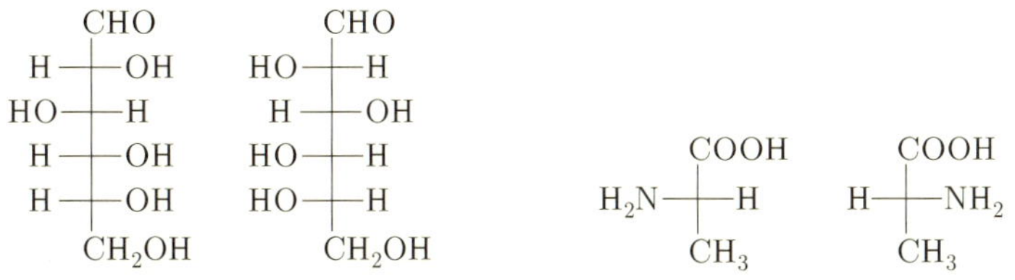

D-グルコース　L-グルコース　L-アラニン　D-アラニン

図 3.17　糖，アミノ酸の (D, L) 表示

の不斉炭素原子のヒドロキシ基が右にあるものが D-体，左にあるものが L-体である．アラニンでは，カルボキシ基を上に，メチル基を下になるように描いたとき，アミノ基が右にあるものが D-体，左にあるものが L-体である．なお，小文字で表される (d, l) 表示は，平面偏光を回転させる向きを表しただけのものであり，立体配置に関する情報を与えるものではない．

立体化学と医薬品

ヒトの体をつくっているタンパク質は，すべて L-体のアミノ酸からなり，D-体のものは使われない．また，天然由来のグルコースはすべて D-体であり，L-体のものは見つかっていない．すなわち，ヒトの体の中はキラルな物質からなる世界といってよい．このような生体に作用する医薬品も立体化学が深く関与している．その典型的な例としてサリドマイドがあげられる．鎮静・睡眠薬として有効なのは (*R*)-サリドマイドで，(*S*)-サリドマイドは薬効がないどころか胎児に対して恐ろしい奇形をもたらす．しばらく使用は禁忌とされていたが，最近は多発性骨髄腫などの治療薬として見直されている．

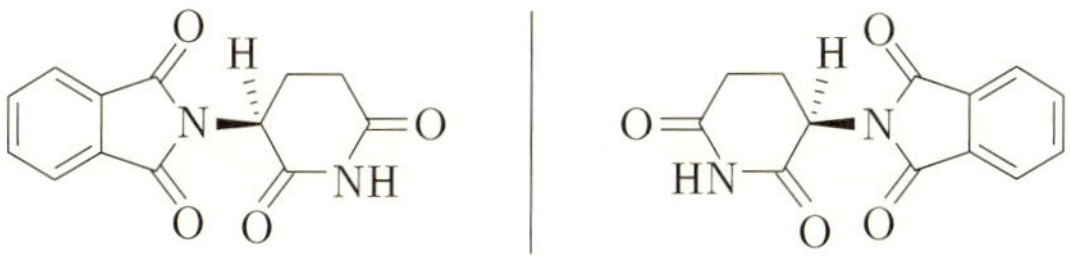

(*S*)-サリドマイド　鏡　(*R*)-サリドマイド

3.8 不斉炭素原子をもたない鏡像異性体

不斉炭素原子をもたない分子でも，特殊な分子構造や分子内の芳香環の回転障害などにより鏡像異性体が存在する場合もある．アレン誘導体，スピロ環をもつ化合物，ビフェニル誘導体などがあげられる (図 3.18)．

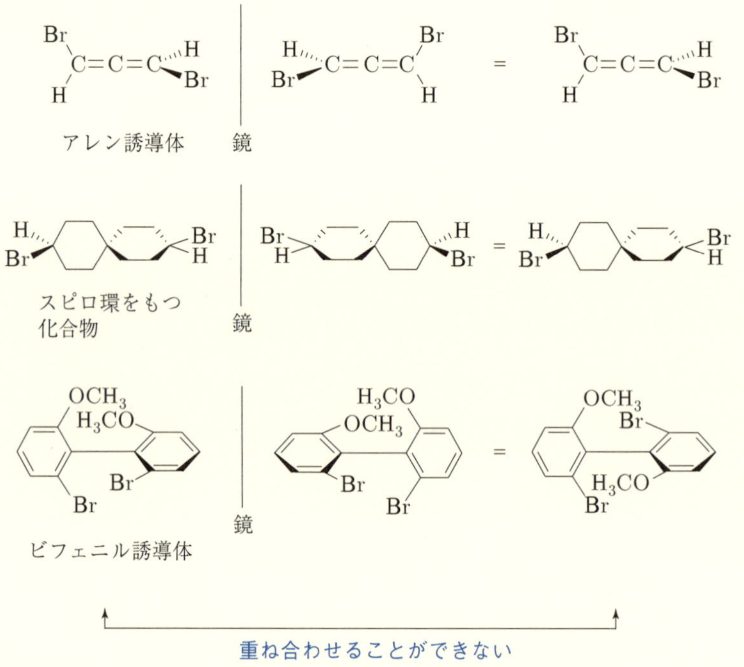

図 3.18 不斉炭素原子をもたない鏡像異性体

3.9 ジアステレオ異性体

鏡像異性体以外の立体異性体を**ジアステレオ異性体**もしくは**ジアステレオマー**という．これには，アルケンのシス-トランス異性体と複数の不斉炭素原子をもつことに起因する異性体がある．

3.9.1 シス-トランス異性体

二重結合では結合が自由に回転できないため，二重結合に結合した原子や官能基の配列が異なると**シス-トランス異性体**ができる．2 置換アルケンでは，それぞれの sp^2 炭素原子の同じ側に置換基が位置した場合を**シス体**，反対側に位置した場合を**トランス体**とよぶ．マレイン酸はシス体，フマル酸はトランス体である．3 置換アルケンでは置換基の優先順位をつけないと，立体配置を明示できない．そこで，(R, S) 表示と同様の手法により二重結合のそれぞれの炭

3.9 ジアステレオ異性体

素原子についている置換基に優先順位をつけ，順位の高い置換基が同じ側にあるものを Z-体 (zusammen，共に)，反対側にあるものを E-体 (entgegen，逆に) と定義する．この定義に従うと，マレイン酸は Z-体に，フマル酸は E-体となる (図 3.19).

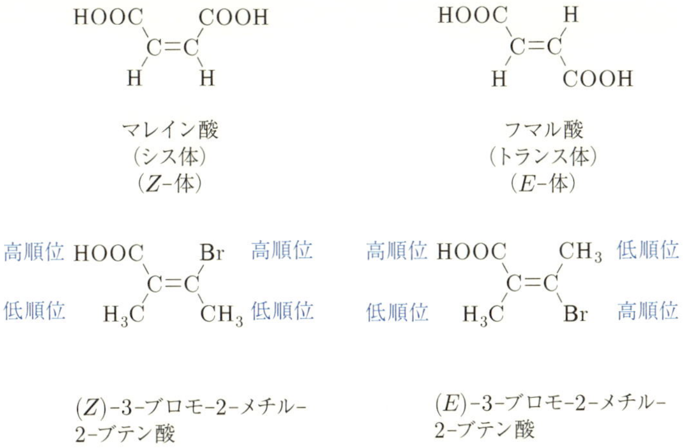

マレイン酸
(シス体)
(Z-体)

フマル酸
(トランス体)
(E-体)

(Z)-3-ブロモ-2-メチル-2-ブテン酸

(E)-3-ブロモ-2-メチル-2-ブテン酸

図 3.19 Z-体と E-体

サントニンの立体異性体の数

サントニンはキク科ミブヨモギなどに含まれる天然物で，ヒトや動物の回虫駆除薬として用いられている．不斉炭素原子が 4 個あることから，理論上 $2^4 = 16$ 個の立体異性体が存在するはずであるが，実際にはどうなのかを考察してみる．10 位のメチル基をくさび線として，6 位と 7 位の立体異性体を考えてみると，(**1**)〜(**4**) の 4 個の立体異性体が存在することになる．しかし，(**3**) は 6 位と 7 位が逆向きになってしまい，環 (ラクトン環) をつくることができない．よって，(**1**), (**2**), (**4**) の 3 個とそれらのエナンチオマーで 6 個，さらに 11 位を考慮すると，実際には 16 個より 4 個少ない，12 個の立体異性体が存在しうるのみである．

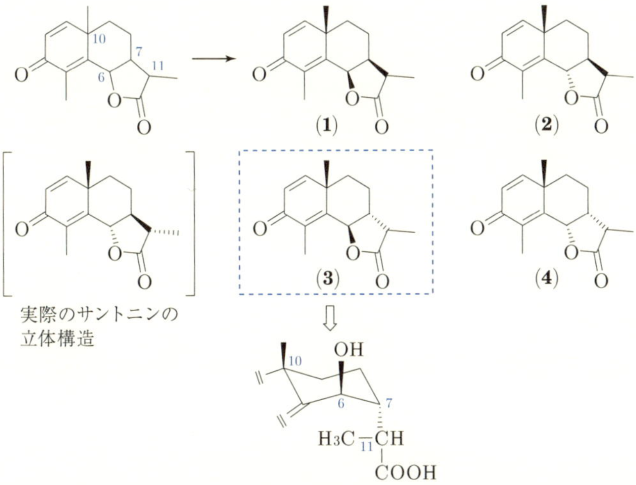

実際のサントニンの立体構造

3.9.2 複数の不斉炭素原子をもつ分子の立体異性体

n 個の不斉炭素原子をもつ化合物は，理論上最大で 2^n 個の立体異性体が存在する．生薬マオウに含まれる交感神経興奮成分の (−)-エフェドリン (**1**) は，2 個の不斉炭素原子をもち，その立体配置は (1R, 2S) である．これ以外に，**2**：(1S, 2R)，**3**：(1R, 2R)，**4**：(1S, 2S) の立体配置も考えられる．すなわち，2 個の不斉炭素原子をもつので，$2^2 = 4$ 個の立体異性体が存在する．これらのうち，**1** と **2**，**3** と **4** はそれぞれ鏡像異性体の関係にあるが，**1** と **3**，**1** と **4** は鏡像異性体以外の立体異性体，すなわちジアステレオ異性体の関係にある (図 3.20)．

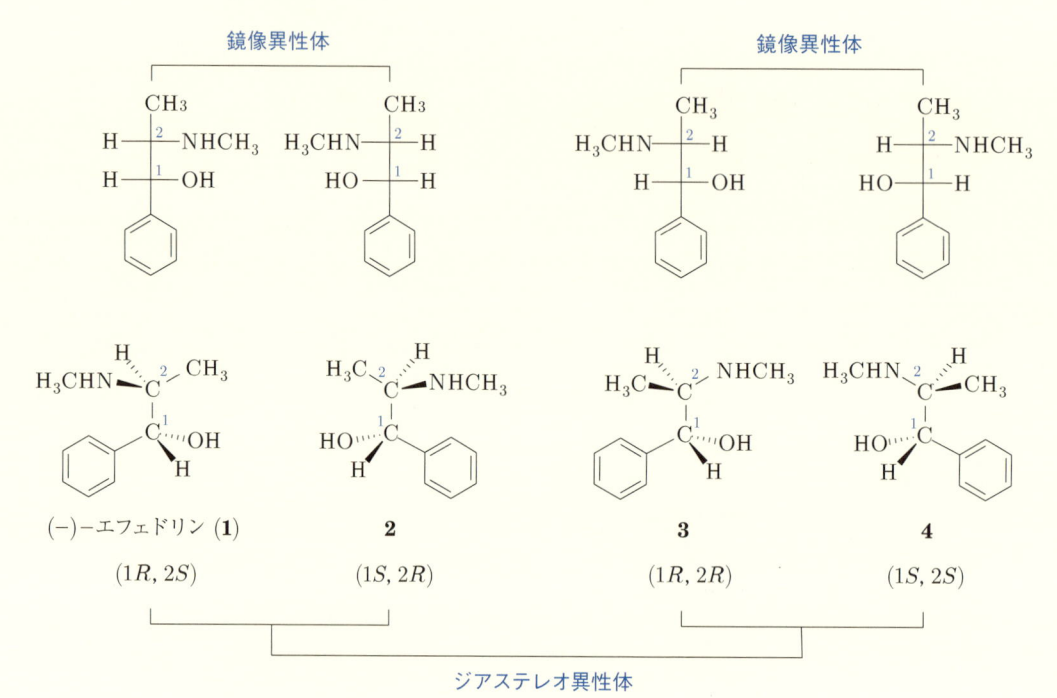

図 3.20 鏡像異性体とジアステレオ異性体 (エフェドリンの例)

酒石酸も 2 個の不斉炭素原子をもつため，(−)-エフェドリンと同様に 4 種の立体異性体，(2R, 3S), (2S, 3R), (2R, 3R), (2S, 3S) が考えられる．このうち，(2R, 3R) と (2S, 3S) は鏡像異性体の関係にあるが，(2R, 3S) と (2S, 3R) は分子の中心に対称面があるため，180°回転させると同じ化合物となってしまい光学不活性である．このように，キラル中心をもっているにもかかわらずアキラルな化合物をメソ化合物 (meso compound) という．すなわち，酒石酸には，2 個の鏡像異性体と 1 個のメソ体の合計 3 個の立体異性体しか存在しない (図 3.21)．

3.9 ジアステレオ異性体

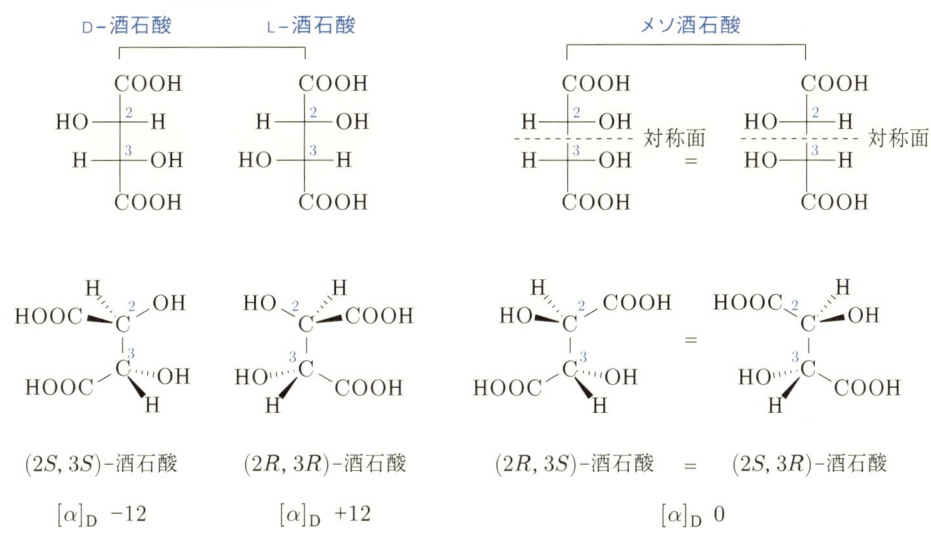

図3.21 鏡像異性体とジアステレオ異性体 (酒石酸の例)

3.9.3 エピマー

鎖状構造のD-グルコースとD-ガラクトースには，それぞれ4個の不斉炭素原子が存在する．D-グルコースとD-ガラクトースはジアステレオ異性体の関係にあるが，立体構造の異なる部分は4位のヒドロキシ基のみである．このように，1か所の立体構造のみが異なるジアステレオ異性体をエピマー (epimer) とよぶ．D-グルコースとD-マンノースもエピマーの関係にある．D-マンノースとD-ガラクトースは2か所の立体構造が異なるジアステレオ異性体である (図3.22)．

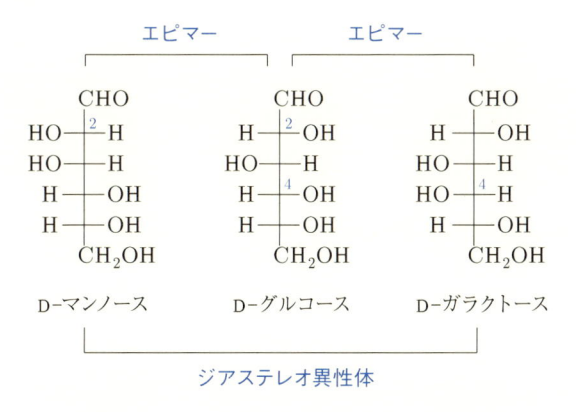

図3.22 エピマーとジアステレオ異性体

3.10 立体配座と配座異性体

単結合の回転により生じる立体的に異なった構造を立体配座という．理論的には単結合の回転の許容の範囲内で無数の立体配座をとることが可能であり，これらを配座異性体という．実際は，立体的な相互作用や電子的な反発作用が最小になるような配座，すなわちポテンシャルエネルギーの最も低い配座が優位に存在している．

3.10.1 エタンの立体配座

エタンの分子をニューマンの投影式でみたとき，それぞれのメチル基の水素原子が重なり合った配座 (重なり形配座，eclipsed conformation) は，最も大きなポテンシャルエネルギーをもった不安定配座である．一方，重なり形配座を 60°回転したねじれ形配座 (staggered conformation) が，最もポテンシャルエネルギーが小さい安定配座である．ねじれ形配座と重なり形配座のポテンシャルエネルギーの差は 12 kJ/mol 程度であるため，室温においてエタンの炭素-炭素結合はほぼ自由に回転しており，両者を立体配座異性体として分離することはできない (図 3.23)．

重なり形配座　　　　　ねじれ形配座

エネルギー差　12 kJ/mol

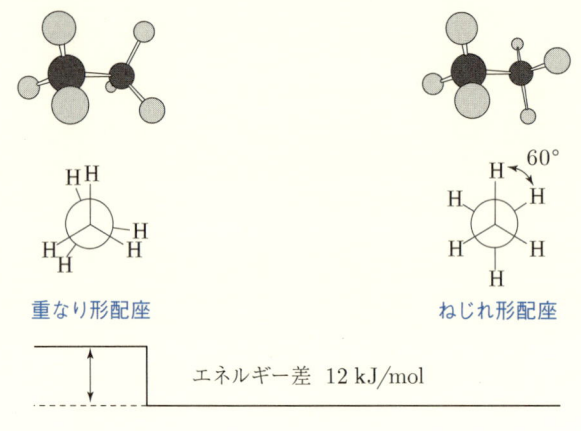

図 3.23 エタンの立体配座とエネルギー差

3.10.2 ブタンの立体配座

ブタンの 2 位と 3 位間の炭素-炭素結合を 60°ずつ回転させていくと，重なり形配座としてメチル基どうしが重なる配座と，メチル基と水素原子が重なる配座が，ねじれ形配座としてメチル基どうしが 60°の角度となるゴーシュ形配座 (gauche form conformation) と，メチル基どうしが 180°の角度となるアンチ形配座 (anti form conformation) ができる．メチル基どうしが重なる配座が最も大きなポテンシャルエネルギーをもった最不安定配座であり，アンチ形配座

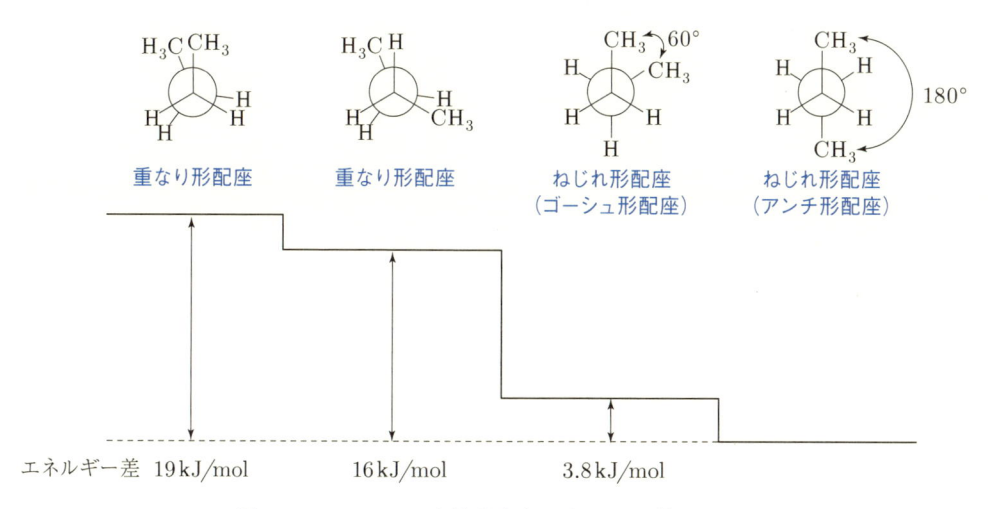

図3.24 ブタンの立体配座とエネルギー差

が最もポテンシャルエネルギーが小さい最安定配座である．これら最安定配座と最不安定配座のポテンシャルエネルギーの差は 19 kJ/mol，ゴーシュ形配座とアンチ形配座のポテンシャルエネルギーの差は 3.8 kJ/mol である (図 3.24)．

3.10.3 シクロヘキサンの立体配座

シクロヘキサンを平面で描くと，各炭素原子の結合角が 120°の六角形となり，安定な形にみえる．しかし，炭素原子はすべて sp^3 混成しているため，各炭素原子の結合角が 109.5°に近い形をとる方が安定である．そのため，いす形 (chair form) に折れ曲がった配座構造をとっている．いす形配座では，各炭素原子の結合角は 111.5°で 109.5°に近く，また，すべての組の炭素-炭素結合のまわりの配置はゴーシュ形配座となる．いす形のシクロヘキサン分子の 12

図3.25 シクロヘキサンのいす形配座と舟形配座

個の水素原子のうち，環から垂直に伸びた水素原子を**アキシアル** (axial) 水素と，水平に近い形で伸びた水素原子を**エクアトリアル** (equatorial) 水素とよぶ．シクロヘキサン環では，右上がりの配座と左上がりの配座が早い速度で反転している．シクロヘキサンの各炭素原子の結合角だけに着目すれば，舟形 (boat form) も安定配座と考えられる．しかし，舟形配座では環内の 2 つの炭素−炭素結合がポテンシャルエネルギーの大きい重なり形配座であり，さらに環上部の 2 個の水素原子が接近して立体的に反発しあうため，舟形配座は不安定な配座である (図 3.25)．

3.10.4　メチルシクロヘキサンの立体配座

メチルシクロヘキサンにおいては，メチル基がエクアトリアルとなるいす形配座が安定配座である．メチル基がアキシアルとなる配座では，メチル基と 2 つのアキシアル水素原子との距離が近いため，これらが立体的に反発し不安定となる．このような置換基の相互作用を **1,3-ジアキシアル相互作用** (1,3-diaxial interaction) という (図 3.26)．

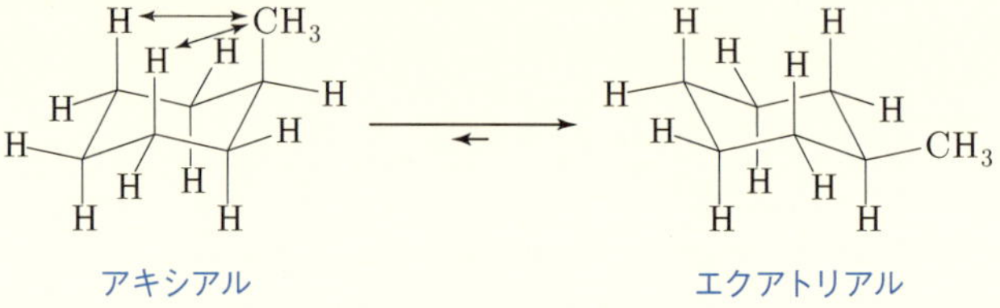

図 3.26　1,3-ジアキシアル相互作用

章末問題 3

3.1 分子式が $C_4H_{10}O$ のアルコールの構造異性体をすべて示せ．また，そのうちキラルな分子はどれかを答えよ．

3.2 次の化合物の不斉炭素原子の絶対立体配置を (R, S) 表示で示せ．

(1), 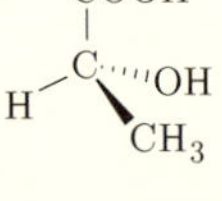 (2), 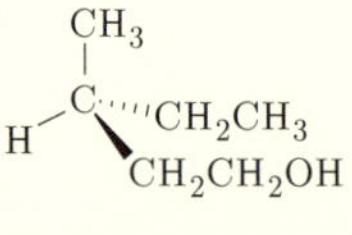 (3), 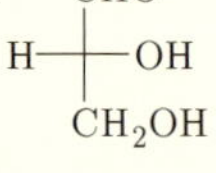 (4)

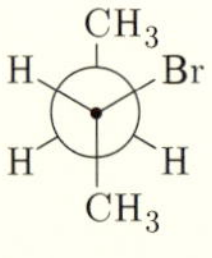

3.3 次の化合物のうち，アキラルなものはどれかを答えよ．

(1), 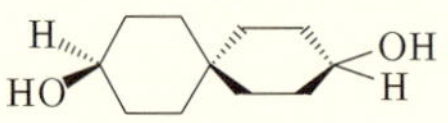 (2), 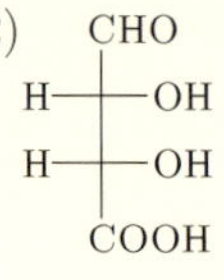 (3)

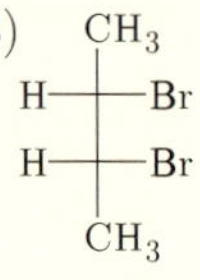

(4) [cyclohexene with CH₃ and CHO substituents] (5) [cyclohexene with two OH groups]

3.4 次のアルケンは，E, Z 配置のどちらであるかを答えよ．

(1) H₃CH₂C, CH₂CH₃ / Br, H — C=C

(2) HOOC, NH₂ / H, COOH — C=C

3.5 2-クロロエタノール (ClCH₂CH₂OH) の最安定配座をニューマン投影式で書け．

4
芳香族化合物

　芳香族化合物 (aromatic compounds) というと,「芳しい香り, アロマ」を連想させる. 実際, 身近な香料のシナモン (ケイヒ) やバニラの香りの主成分は, それぞれシンナムアルデヒド, バニリンという芳香族化合物である. また, 桜餅の香り成分のクマリンも芳香族化合物の仲間である (図 4.1). しかし, 実際にはよい香りの化合物はあまり多くなく, 芳香族化合物の代表であるベンゼンの臭いは決してよい香りとはいえない. 芳香族化合物という分類は「芳香」という性質によるものではなく, ベンゼン誘導体に代表されるような化合物の安定性や反応性 (芳香族性 aromaticity) をもつ化合物の総称として用いられている.

> ベンゼンは有毒なので臭いを嗅がないこと！

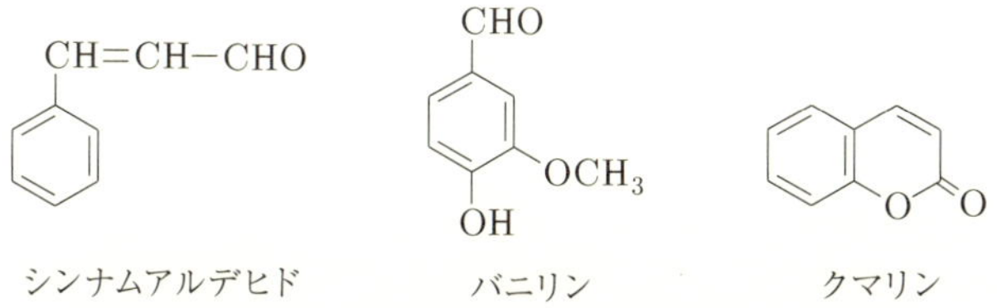

シンナムアルデヒド　　バニリン　　クマリン

図 4.1 身近な香料に含まれる芳香族化合物

　高校では芳香族化合物として, ベンゼン, トルエン, ニトロベンゼン, アニリン, フェノール, 安息香酸, ベンゼンスルホン酸, 消毒薬のクレゾール, 防虫剤のパラジクロロベンゼンなどを習った. さらに, ナフタレン, アントラセンやフェナントレンなども芳香族化合物であるが, 特に置換基をもっていない場合, ベンゼンも含めて芳香族炭化水素という. また, フラン, ピロール, ピリジンなどは酸素原子や窒素原子などを含む環状不飽和化合物であるが, ベンゼンと似た化学的性質をもつため, 複素環芳香族化合物という. 医薬品はその構造中に複素環芳香族化合物の構造をもつものが多く, 医薬品化学を理解するうえで複素環芳香族化合物の化学は非常に重要であるが, 詳しくは高学年の有機化学で学ぶ. これから医薬品に関する専門的な勉強をしていくが, 医薬品にはアスピリン (アセチルサリチル酸), アセトアミノフェン, アドレナリンなど, 比較的単純な構造の芳香族化合物の誘導体も多い (図 4.2).

ベンゼン誘導体

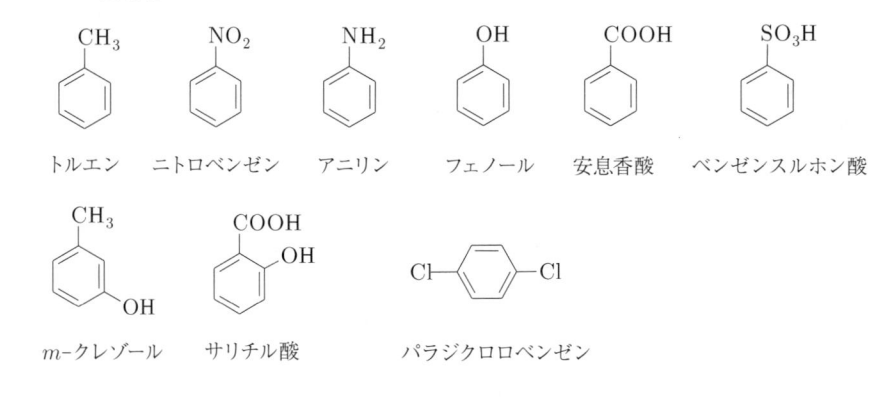

トルエン　ニトロベンゼン　アニリン　フェノール　安息香酸　ベンゼンスルホン酸

m-クレゾール　サリチル酸　パラジクロロベンゼン

ベンゼン系炭化水素

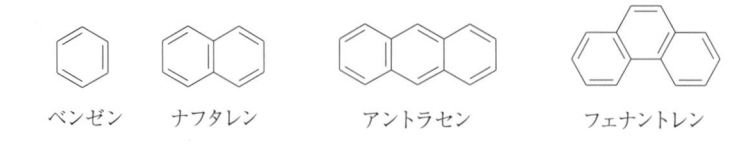

ベンゼン　ナフタレン　アントラセン　フェナントレン

複素環芳香族化合物

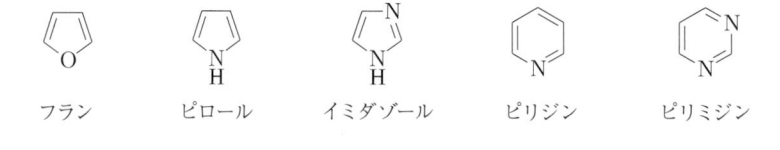

フラン　ピロール　イミダゾール　ピリジン　ピリミジン

医薬品にみられる芳香族化合物

アスピリン
（解熱鎮痛薬）

イブプロフェン
（解熱鎮痛薬）

アセトアミノフェン
（解熱鎮痛薬）

アドレナリン
（交感神経作動薬）

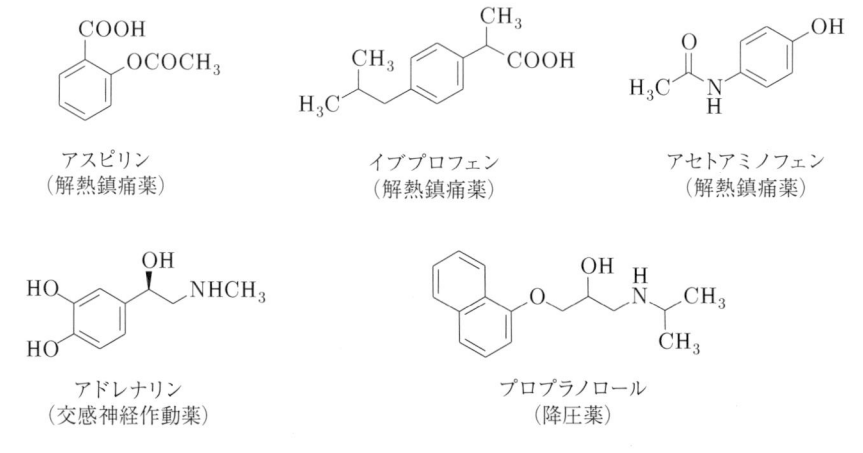

プロプラノロール
（降圧薬）

図 4.2　さまざまな芳香族化合物

4.1 ベンゼンの構造

ここでは，芳香族化合物とは，ベンゼンやナフタレンのように環状の化合物で奇数個の多重 (二重) 結合が同数の単結合と交互に並んで環状になっているものとしておく．構造式を描く場合は二重結合と単結合を交互に書くが，実際には区別はない．すべての炭素-炭素結合は二重結合と単結合の中間，すなわち 1.5 結合ということになる．

4.1 ベンゼンの構造

図 4.3 のように，芳香族炭化水素の代表であるベンゼンは C_6H_6 の分子式をもち，すべての原子が同一平面上にある正六角形の分子である．C-C-C および C-C-H 間の結合角はすべて 120°で，C-C 間の結合距離はすべて等しく，およそ 140 pm である．この結合距離は，エタンの炭素-炭素単結合間の距離 154 pm とエテンの炭素-炭素二重結合間の距離 133 pm の中間の値である．すべての炭素原子は sp^2 混成をとっていて，隣接する 3 原子 (C, C, H) とは sp^2 混成軌道で σ 結合を形成している．残りの p_z 軌道が連続して 6 つ並び，それぞれの p_z 軌道に電子が 1 つずつ存在しているので 3 組の π 結合が成り立つ．しかし，π 結合を形成する相手の炭素原子は 2 つ存在し，どちらも同等なので相手を決めることはできない．つまり構造 A と B の間の子 (共鳴構造といい，両矢印「⟷」で表す) で，実際には 6 員環平面の上下にドーナツ状に電子が広がっている (電子雲) 構造なので，図 (b), (c) の表現方法もある．電子は特定の場所に局在するよりも広く分布 (非局在化) している方が安定である．ベンゼンをはじめとする芳香族化合物は，電子が非局在化し安定化している．

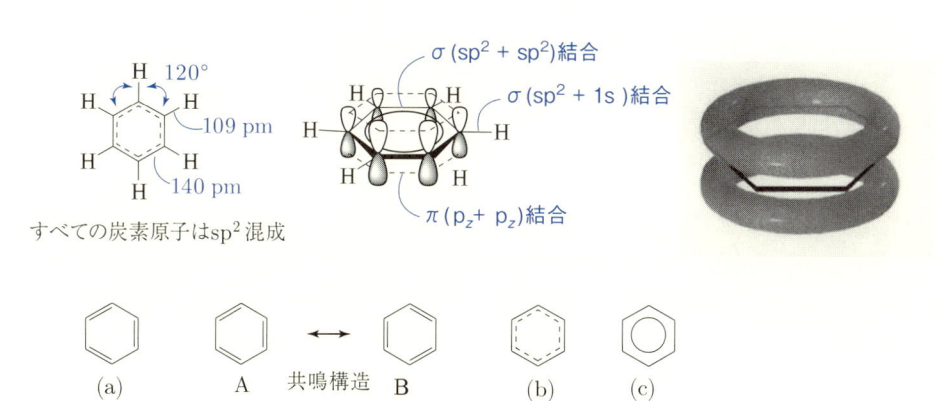

図 4.3 ベンゼンの構造

ベンゼンは，二重結合部分が固定した仮想分子であるシクロヘキサトリエン (図 4.4 のように，二重結合と単結合が区別できる構造) よりも安定で，芳香族化合物の特徴となっている．電子が非局在化したベンゼンの安定性は，シクロヘキサトリエンの水素化熱 (多重結合に水素を付加するときに発生するエネル

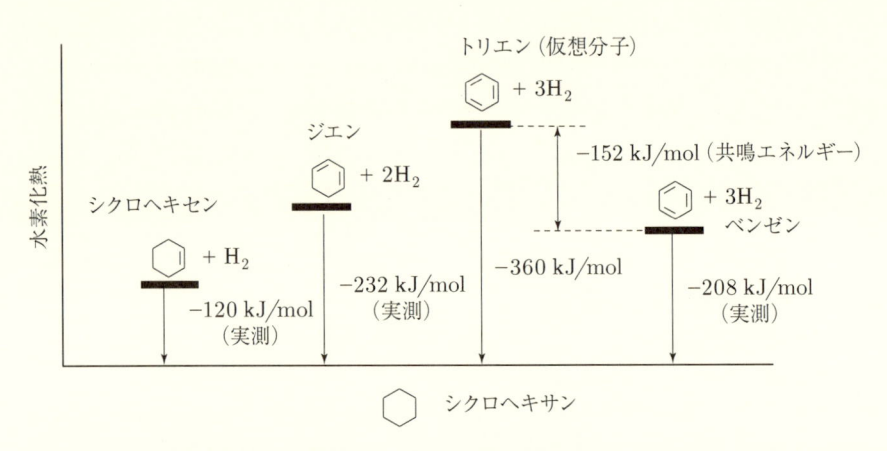

図 4.4　水素化熱と安定性

ギー) と比較することで理解できる．二重結合を 1 つだけ含むシクロヘキセンを水素化するとおよそ 1 mol あたり 120 kJ の熱を発生する．したがって，仮想分子のシクロヘキサトリエンでは，計算上 120 × 3 = 360 kJ/mol の熱が発生するはずである．しかし，実存のベンゼンの測定値は 208 kJ/mol の発熱しかなく，その差である 152 kJ/mol だけより安定だといえる．この安定化したエネルギーを共鳴エネルギーという．

4.2　多置換ベンゼン

ベンゼン環上の 2 個の水素原子が，ほかの置換基と置き換わった 2 置換ベンゼンには 3 種類の異性体の存在が可能である．ある置換基の位置を 1 位としたとき，隣の位置を 2 位 (オルト (ortho) 位)，順番に 3 位 (メタ (meta) 位)，4 位 (パラ (para) 位) と名づけている．例えば，メチル基が 2 つ置換したキシレンには，オルト (ortho- または省略して o-) キシレン，メタ (m-) キシレン，パラ (p-) キシレンの 3 種が存在する．置換基が 3 つ以上ある場合は，置換位置を番号で示す (図 4.5)．

芳香族化合物の命名は置換基名 + ベンゼン (母核) という系統的な IUPAC 命名法のほかに，古くから一般名として通用している名前 (慣用名) をもつ化合物が多い．世界的な傾向としては万国共通な系統的命名法が推奨されつつあるが，メチルベンゼン (系統的 IUPAC 名) よりはトルエン (IUPAC 慣用名) の方が一般的である．ベンゼノール (ヒドロキシベンゼン) はフェノール (IUPAC 慣用名，昔日本では石炭酸ともいわれていた)，ベンゼンアミン (アミノベンゼン) はアニリン (IUPAC 慣用名) である．

2置換ベンゼン

- 1,2- オルト (ortho)
- 1,3- メタ (meta)
- 1,4- パラ (para)
- 1-クロロ-3-ニトロベンゼン *m*-クロロニトロベンゼン

- 1,2-ジメチルベンゼン *o*-キシレン
- 1,3-ジメチルベンゼン *m*-キシレン
- 1,4-ジメチルベンゼン *p*-キシレン

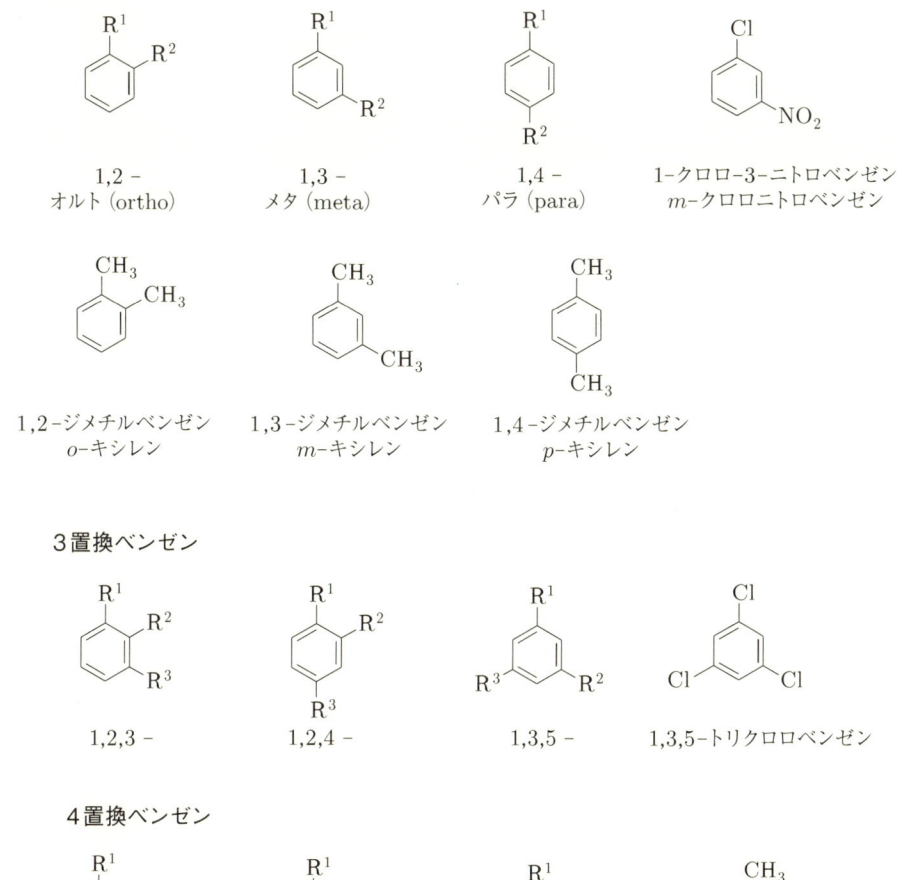

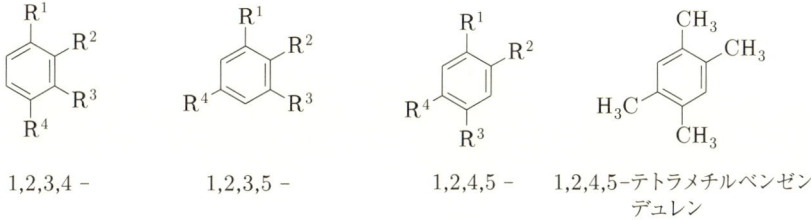

3置換ベンゼン

- 1,2,3-
- 1,2,4-
- 1,3,5-
- 1,3,5-トリクロロベンゼン

4置換ベンゼン

- 1,2,3,4-
- 1,2,3,5-
- 1,2,4,5-
- 1,2,4,5-テトラメチルベンゼン デュレン

図 4.5　多置換ベンゼンの異性体と命名

4.3　芳香族炭化水素の反応性

ここでは，ベンゼンを例として説明する．すでに2章で学んだように，アルケンの場合は，水素の付加，臭素の付加など，二重結合に対する付加反応は容易に起こるが，ベンゼンでは極めて起こりにくい．ベンゼンに臭素水を加えても反応は起こらない．水素付加もアルケンの場合と異なり，高温高圧の過酷な条件でないと反応が進行しない (図 4.6)．

アルケンへの付加反応は電子豊富な二重結合への反応であるのに対し，1.5結合のベンゼンの炭素-炭素二重結合では反応性が乏しくなっている．さら

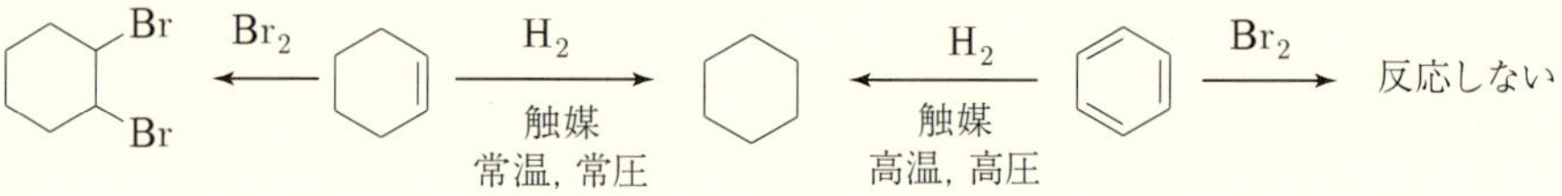

図 4.6　ベンゼンとシクロヘキセンの反応性の差

に，付加反応が起きると電子の非局在化による安定化が破られるので，付加反応は不利な反応である．その代わり，置換反応が進行する．ハロゲン化ではHとハロゲンが，ニトロ化ではHとNO_2基が入れ替わる．ニトロ化を例にして，置換反応の起こる過程(反応機構)を説明する．

図 4.7 のように，まず，濃硝酸と濃硫酸からニトロニウムイオン(NO_2^+)が生成し，これが求電子剤となる．この求電子剤が電子豊富なベンゼン環の炭素原子を攻撃して，やや不安定な陽イオンの中間体となる．次に，ニトロ基が付加した炭素原子上の水素陽イオン(プロトン)が外れて，もとの二重結合が復

$$HNO_3 + H_2SO_4 \longrightarrow NO_2^+ + H_2O + HSO_4^-$$
ニトロニウムイオン

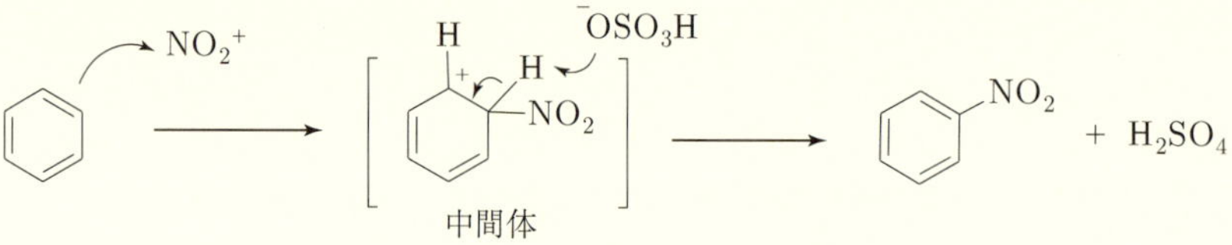

図 4.7　ベンゼンのニトロ化の機構

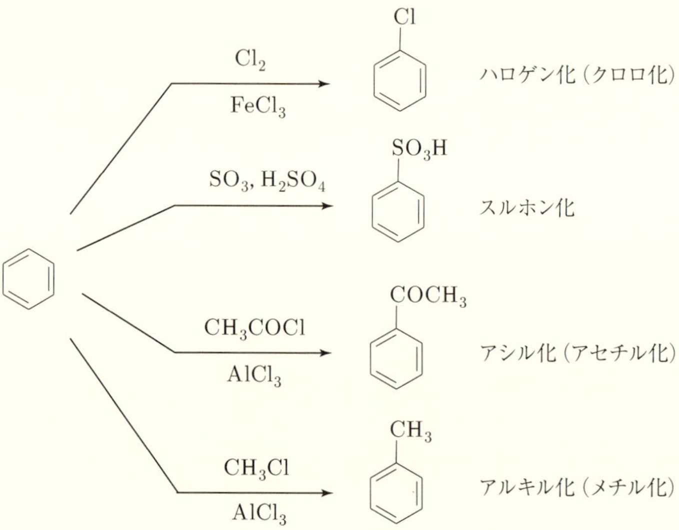

図 4.8　ベンゼンの求電子置換反応

活して安定なベンゼン環にもどり，ニトロベンゼンが生成する．つまり，形式上は置換反応であるが，付加と脱離反応の2段階からなっている．このような形式の反応は電子不足な求電子剤が電子豊富なベンゼン環上の水素原子と置換するので，求電子置換反応に分類される．

いくつかの求電子置換反応の例を図4.8に示す．

4.4 配 向 性

図4.9のように，すでに置換基を1つもっているベンゼン(1置換ベンゼン)に，もう1つ置換基を入れて2置換ベンゼンにする場合，新たな置換基はオルト位，メタ位，パラ位のどこに入りやすいか(配向性)を考えてみる．

ニトロベンゼンのニトロ化で生成するおもなジニトロベンゼンは，メタジニトロベンゼンである．一方，トルエンのモノニトロ化の主生成物はオルトニトロトルエンおよびパラニトロトルエンである．その原因は，もともとの置換基であるニトロ基とメチル基の性質の違いにある．詳しい反応機構は後で学ぶことになるが，ニトロ基やカルボキシ基などの電子を引きつける基(電子求引性基)ではオルト位あるいはパラ位での反応性が低下し，結果としてメタ位に反応するので，このような置換基をメタ配向性基という．これとは逆に，メチル基やアミノ基などの電子を与える基(電子供与性基)ではオルト位あるいはパラ位に反応するので，オルト-パラ配向性基という．

トルエンを高温でニトロ化して生成する2,4,6-トリニトロトルエンは，TNT火薬として知られている．つまり，トルエンのメチル基のオルト位2か所とパラ位の計3か所にニトロ化が起こる．フェノールの臭素化ではヒドロキシ基の

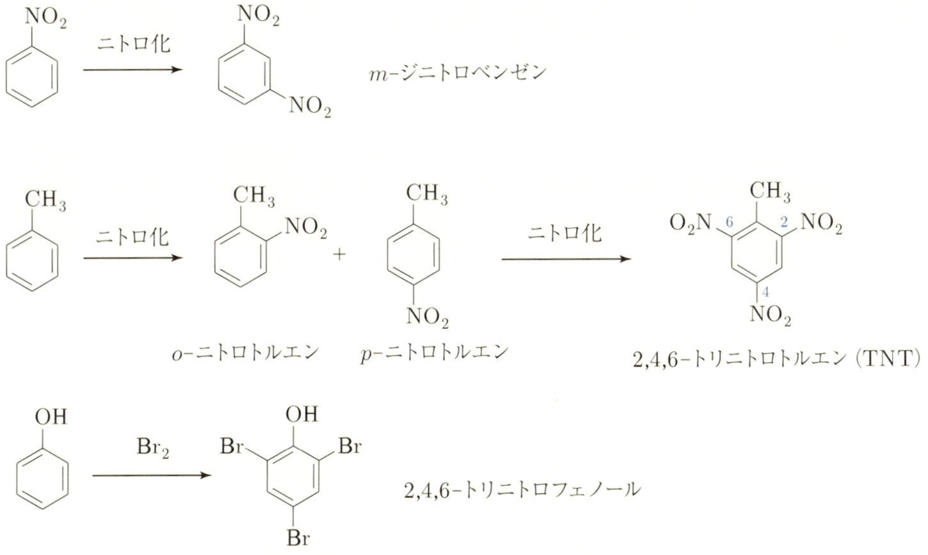

図4.9 1置換ベンゼン誘導体の配向性と反応

電子供与性のため極めて反応が起こりやすく，モノブロモ化で反応を止めることは難しく，容易に 2,4,6-トリブロモフェノールの無色結晶を生成する．

そのほかのオルト-パラ配向性基として，メトキシ基 ($-OCH_3$)，アミド基 ($-NHCOR$)，ハロゲン基などがあり，メタ配向性基としては，エステル基 ($-COOR$)，ケトン基 ($-COR$)，アルデヒド基 ($-CHO$)，シアノ基 ($-CN$) などがある．

章末問題 4

4.1 芳香族化合物の例を 5 つあげて，それらの構造式と慣用名を答えよ．
4.2 ベンゼンのジニトロ化で生成するおもな化合物の構造と名称を答えよ．
4.3 トルエンのモノニトロ化で生成するおもな化合物の構造と名称を答えよ．
4.4 芳香環を含む医薬品の構造式を 4 つ書け．

5
反応機構

本章までに,いくつかの有機化合物の化学反応を学んできたが,化学反応を理解するためには反応機構の基礎を知っておく必要がある.本章では,反応機構のもととなる電子の動きについて学ぶ.

5.1 結合状態の変化と電子の動き

塩化水素 (HCl) は常温,常圧で気体である.これを水に溶かすと,まず塩化水素分子が電離して,水素イオン H^+ と塩化物イオン Cl^- が生じる.H^+ イオンはただちに水分子と結合して H_3O^+ となり,酸性を示す.このとき起こった変化をルイス構造式を使って書くと次のようになる.

$$H:\ddot{\underset{..}{Cl}} \; + \; H:\underset{..}{\ddot{O}}:H \longrightarrow \; :\underset{..}{\ddot{Cl}}:^- \; + \; H:\underset{\underset{H}{|}}{\overset{+}{\underset{..}{O}}}:H \tag{5.1}$$

ここで,水分子には 1 本の新しい結合ができている.これは,水の酸素原子にあった 1 組の非共有電子対を,酸素原子と水素イオンが共有するようになってできたものである.このことを「電子対が動いて結合になった」と考え,次のように表す.矢印は曲げて描き,向きが大変重要である (以下,見やすくするために結合の電子対は線で描く).

$$H\diagdown\underset{\underset{H}{|}}{\underset{..}{\overset{..}{O}}} \quad H^+ \tag{5.2}$$

水と H^+ との反応をまとめると以下のようになる.O が専有していた電子対を O と H とで共有するので,H は電子が 1 個増えて + はなくなり,O は電子を 1 個失うので + がつく.

$$H\diagdown\underset{\underset{H}{|}}{\underset{..}{\overset{..}{O}}} \quad H^+ \longrightarrow \quad H\diagdown\underset{\underset{H}{|}}{\overset{+}{\underset{..}{O}}}\diagup H \tag{5.3}$$

HCl についてみると，結合が 1 つなくなっている．Cl は陰イオンに変わり，8 個の価電子をもっている．すなわち，H と Cl とで共有していた電子対を Cl だけで専有するようになり，この変化を次のように表す．

$$\mathrm{H{-}\ddot{\underset{..}{Cl}}{:}} \longrightarrow \mathrm{H^+} + \mathrm{:\!\ddot{\underset{..}{Cl}}\!:^-} \tag{5.4}$$

以上のことを，電子の動きを曲がった矢印を用いて描くと次のようになる．

$$\mathrm{H{-}\ddot{\underset{..}{Cl}}{:}} + \mathrm{H{-}\ddot{\underset{..}{O}}{-}H} \longrightarrow \mathrm{:\!\ddot{\underset{..}{Cl}}\!:^-} + \mathrm{H{-}\overset{+}{\underset{H}{\ddot{O}}}{-}H} \tag{5.5}$$

次に，アンモニアと水が反応するときに起こる変化を，塩化水素の場合と同様にすべての価電子とともに書くと以下のようになる．

$$\mathrm{H{-}\underset{H}{\overset{..}{N}}{-}H} + \mathrm{H{-}\ddot{\underset{..}{O}}{-}H} \longrightarrow \mathrm{H{-}\underset{H}{\overset{+}{\underset{|}{N}}}{-}H} + \mathrm{:\!\ddot{\underset{..}{O}}{-}H^-} \tag{5.6}$$

ここでは，1 つの N–H 結合が新しくでき，1 つの H–O 結合が切れてなくなっている．これを曲がった矢印を用いて表すと以下のようになる．

$$\mathrm{H{-}\underset{H}{\overset{..}{N}}{-}H} + \mathrm{H{-}\ddot{\underset{..}{O}}{-}H} \longrightarrow \mathrm{H{-}\underset{H}{\overset{+}{\underset{|}{N}}}{-}H} + \mathrm{:\!\ddot{\underset{..}{O}}{-}H^-} \tag{5.7}$$

このように，反応する物 (反応物，反応基質) と，反応でできる物 (生成物) の構造式がわかれば，曲がった矢印を描いて考えることにより，電子対を追いかけることができる．これが結合状態の変化，すなわち化学反応を理解することである．有機化学の基礎をしっかりと学んでいけば，反応物だけをみて，自分で矢印を描いて，次に起こる反応を予測することができるようになる．

曲がった片矢印 ⌒ は，ここで使った曲がった矢印 ⌒ とは意味が違う．これは

$$\mathrm{:\!\ddot{\underset{..}{Cl}}{-}\ddot{\underset{..}{Cl}}\!:} \longrightarrow \mathrm{:\!\ddot{\underset{..}{Cl}}\!\cdot} + \mathrm{\cdot\ddot{\underset{..}{Cl}}\!:}$$

のように，電子を 1 個ずつ動かす場合に使う．この Cl_2 の反応では，結合に関与している共有電子対が 1 個ずつ分かれて，右と左の Cl に移動している．電子が 1 個ずつ動く反応では，曲がった片矢印を用いる．

5.2 炭素原子上での電子の授受

曲がった矢印を使うときには，大切なルールがある．第 2 周期までの元素 (F まで) では，価電子は常に 8 個以下でなくてはならない．また，H は 2 個までである．

例えば，ホルムアルデヒドと水酸化物イオンとの反応について考えるとき，電子対を以下のようにだけ動かすと誤りとなる．

$$\text{(5.8)}$$

C からは結合が 5 本出ており，価電子を 10 個もっていることになってしまうからである．このように，O から C に向かって電子対を動かすときは，**同時に C から電子を減らすように曲がった矢印を描く**．すなわち，以下のようになる (同時に動いているようにするが，番号の順に考えてみるとよい．この番号は，最終的には書かない)．

$$\text{(5.9)}$$

同様に，以下のように書くことは誤りである．

$$\text{(5.10)}$$

ここでは，同時に C-Br 結合を切れば正しくなる．

$$\text{(5.11)}$$

2 つの分子が反応する場合，最初にこれらをつなぐ結合ができることが多い．例えば，下の 3 つの反応をみてみる (非共有電子対は，適宜省略してよい)．

(1) $$\text{(5.12)}$$

(2) $$\text{(5.13)}$$

これらのことは，1 章で学んだ原子軌道の数に起因している．最外殻の軌道が 4 個である C や O などでは価電子の数は 8 個まで，H は軌道が 1 個なので価電子は 2 個までとなる．S や P などの元素では，最外殻にさらに多くの軌道をもっているので，価電子の数も多くなる．その結果，電子は 8 個以下というルールを手がかりに反応を考えることができなくなり，S や P から出る結合数を単純に説明することは難しい．

$$(3) \quad \underset{H}{\overset{H}{C}}=\underset{CH_3}{\overset{CH_3}{C}} + H-Br \longrightarrow \underset{H}{\overset{H}{H-C}}-\underset{CH_3}{\overset{CH_3}{C^+}} + Br^- \quad (5.14)$$

最初にできた結合,すなわち電子対は,もとはどちらか一方の分子がもっていたものである.例えば,(1) の場合は N の非共有電子対が,(3) の場合は二重結合のうちの 1 本がそれに該当する.この電子対に着目した場合,これを受け取る分子やイオンなどの化学種を求電子剤とよんでいる.(1) ではホルムアルデヒド,(2) ではヨウ化メチル,(3) では HBr が求電子剤である.たいていの場合は,+ の電荷をもっているか,反応する場所の原子が電子不足である.一方,電子対を出して結合をつくる方を求核剤とよんでいる.(1) ではメチルアミン,(2) ではメトキシドイオン,(3) では 2-メチルプロペンが求核剤である.

ここで,前述したアンモニアと水の反応 (式 (5.7)) の逆反応を考えてみると,これも曲がった矢印で電子の動きを書くことができ,次のようになる.

$$H-\overset{+}{\underset{H}{N}}-H + :\overset{..}{\underset{..}{O}}^- -H \longrightarrow H-\underset{H}{\overset{..}{N}}-H + H-\overset{..}{\underset{..}{O}}-H \quad (5.15)$$

このように曲がった矢印を 1 段階ずつ,さまざまな反応に対して描くことで,化学反応の起こっている様子を細かく考えることができる.

> アンモニアと水の反応は,どちらの反応も同時に,そして止まることなく進行している.このような状態を**平衡**とよんでおり,反応式を以下のように書く.
>
> $$H-\underset{H}{\overset{..}{N}}-H + H-\overset{..}{\underset{..}{O}}-H \rightleftarrows H-\overset{+}{\underset{H}{N}}-H + :\overset{..}{\underset{..}{O}}^- -H$$
>
> 平衡状態では,それぞれの濃度は一定となり,見かけ上は反応が止まっているようにみえる.しかし,実際には反応が止まっているわけではなく,右向きと左向きの反応が「つり合って」いるのである.そして,右向きと左向きに進む反応の速さは同じでないため,NH_3 と NH_4^+ の濃度に差が出てくる.すなわち,$[NH_3]=[NH_4^+]$ ではなく,どちらかの濃度がもう一方よりも高くなる.また,どちらの反応も,反応物の濃度が反応速度に影響を与える.右向きの反応では,NH_3 や H_2O の濃度が高いほどよく進み,$[NH_3]$ が減少する速さは $[NH_3] \times [H_2O]$ に比例する.左向きの反応では,NH_4^+ や HO^- の濃度が高いほどよく進み,$[NH_4^+]$ が減少する速さは $[NH_4^+] \times [HO^-]$ に比例する.そして,$[NH_3]$ が減少する速度は $[NH_4^+]$ が増加する速度であるから

$$[NH_3] \times [H_2O] \times K_{eq} = [NH_4^+] \times [HO^-]$$

という関係式が成り立つ．ここで，K_{eq} は平衡定数で次のように表す．

$$K_{eq} = \frac{[NH_4^+][HO^-]}{[NH_3][H_2O]}$$

平衡定数は，温度や圧力が一定である限り，その物質・反応に固有の値である．酸や塩基の強さの尺度として用いることもある．

5.3 共鳴構造

代表的なカルボン酸である酢酸の反応を考えてみる．酢酸が酸として解離する反応は

$$H_3C-COOH + H_2O \longrightarrow H_3C-COO^- + H_3O^+ \qquad (5.16)$$

である．この反応を曲がった矢印を用いて描くと次のようになる．

$$(5.17)$$

生成した酢酸イオン CH_3COO^- に着目してみると，これには2つの酸素原子 O があり，片方にマイナスの電荷 (−) がついている．しかし，実際の酢酸イオンでは，2つの O は同じような状態で区別できない．すなわち，2つの C–O 結合は同じ長さで，2つの O の電荷は同じくらいマイナスである．実際の構造に近い形で書けば

$$(5.18)$$

となる．しかし，このように電子を分散して書いてしまうと実際の構造に近くはなるものの，酢酸イオンが反応するときに，電子の動きを曲がった矢印を用いて表すことが困難となる．そこで，次のように書いて，この中間のようなものであると考える．

$$(5.19)$$

これが共鳴という考え方で，それぞれの構造を共鳴構造という．共鳴構造から別の共鳴構造へは，反応機構 (どのように反応が進むか) を考えるときと同じように曲がった矢印を用いて示すことができる．

$$\underset{\underset{②}{\overset{①}{\curvearrowright}}}{H_3C-C\overset{:\ddot{O}:^-}{\underset{\ddot{O}:}{\overset{|}{\diagdown}}}} \longleftrightarrow H_3C-C\overset{\ddot{O}:}{\underset{:\ddot{O}:^-}{\overset{\diagup}{\diagdown}}} \qquad (5.20)$$

ここで，反応機構と違う点は，以下の2つである．
1. 実際に分子構造が変化するわけではない．
2. 電子だけを動かし，原子そのものは決して動かしてはいけない．

実際に分子構造が変化するわけではないので，共鳴構造を考えるときは曲がった矢印を使ってもよいが，最終的に共鳴構造にはこの矢印を描かない場合が多い．また，共鳴構造を結ぶ矢印 ⟷ は，平衡の矢印 ⇌ と間違えないようにする．この2つは厳密に区別されている (平衡は，実際に物質が変化して変わっている)．

反応機構を書くことによって，何が起こるのか知識として知らない反応を，考えて予測することができる．また，共鳴構造を書いて考えることは，分子の性質を構造式から読み取るうえで非常に優れた方法である．

章末問題 5

5.1 次の反応における電子の動きを，曲がった矢印を用いて書け (よくわからない場合は，すべての非共有電子対を書いてみることから始めるとよい)．

(1) $H-C\equiv C-H + H_2N^- \longrightarrow H-C\equiv C^- + H_3N$

(2) $BF_3 + O(CH_3)_2 \longrightarrow F-\overset{F}{\underset{F}{\overset{|}{B}}}{}^{-}-\overset{+}{O}\overset{CH_3}{\underset{CH_3}{\diagdown}}$

(3) $H_3C-\underset{O}{\overset{\|}{C}}-Cl + H_3C-OH \longrightarrow H_3C-\underset{OH}{\overset{OCH_3}{\overset{|}{C}}}-Cl$

(4) $H_3C-\underset{OH}{\overset{OCH_3}{\overset{|}{C}}}-Cl \longrightarrow H_3C-\underset{O}{\overset{\|}{C}}-OCH_3 + HCl$

(5) $H_3C\overset{O}{\underset{}{\diagdown}}\overset{}{\underset{O}{\diagup}}OH \longrightarrow H_3C\overset{O}{\underset{}{\diagdown}}CH_3 + CO_2$

5.2 次の化合物の共鳴構造を書き，⟷ で表せ．ただし，図にある曲がった矢印を最初に考えること．同時に，ほかの電子対の移動も必要になる．また，3つ以上の共鳴構造が考えられる場合もある．

章末問題 5

(1), (2), (3), (4) [構造式]

5.3 例にならって，次の化合物の共鳴構造を書け（電子不足の原子を含む共鳴構造を考えるときには，周辺の電子対をその原子に向かって動かすことから始めるとよい）．

(例) [構造式]

(1), (2), (3), (4) [構造式]

6

有機ハロゲン化合物

有機ハロゲン化合物とは，ハロゲンとよばれる第 17 族元素のフッ素 F，塩素 Cl，臭素 Br，ヨウ素 I と炭素との共有結合をもつ化合物である．有機ハロゲン化合物は，日常の多くの生活用品に利用されている．例えば，フライパンや鍋などの調理器具の焦げつきを防ぐためのコーティングとして使われているテフロン (ポリテトラフルオロエチレン)，電線の被膜やシートなどに使われているポリ塩化ビニルなどの合成高分子化合物は，フッ素や塩素を含む有機ハロゲン化合物である．また，物質代謝や身体の成長，発育に関与している甲状腺ホルモンであるチロキシンは，ヨウ素を含む有機ハロゲン化合物であり，ヒトの体の中で重要な役割を果たしている．医薬品の中にも，多くの有機ハロゲン化合物がある．手術などのときに全身麻酔薬として使われているハロタンは，フッ素，塩素，臭素を含む有機ハロゲン化合物である．抗生物質のクロラムフェニコールは，塩素を含む有機ハロゲン化合物であり，抗悪性腫瘍薬であるフルオロウラシルは，フッ素を含む有機ハロゲン化合物である (図 6.1)．

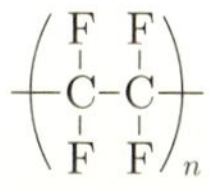
テフロン
(ポリテトラフルオロエチレン)

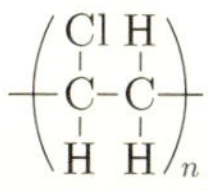
ポリ塩化ビニル

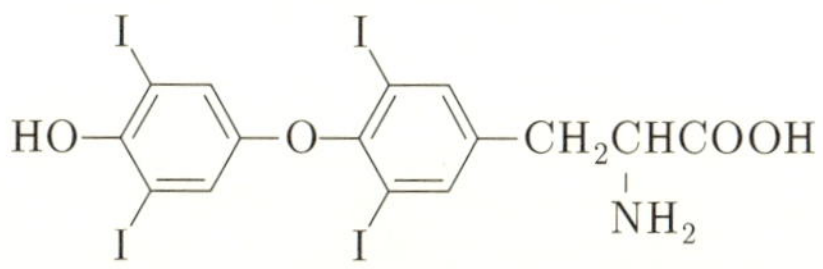

チロキシン

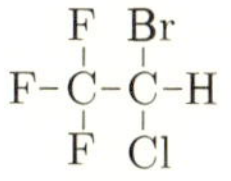
ハロタン

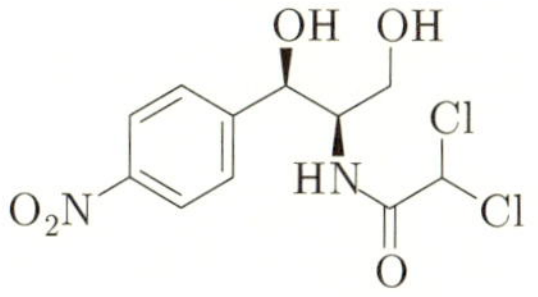

クロラムフェニコール

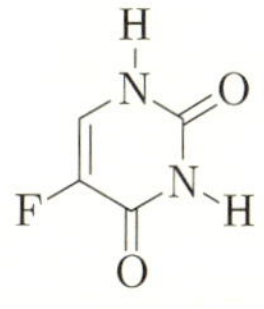

フルオロウラシル

図 6.1　さまざまな有機ハロゲン化合物

6.1 命名法

有機ハロゲン化合物は，一般にアルカンの水素がハロゲンで置換された**ハロアルカン**として命名する．つまり，アルカンの名称の前に接頭語であるフルオロ (F)，クロロ (Cl)，ブロモ (Br)，ヨード (I) をつける．また，簡単な有機ハロゲン化合物は，**ハロゲン化アルキル**として命名する場合も多い (図 6.2).

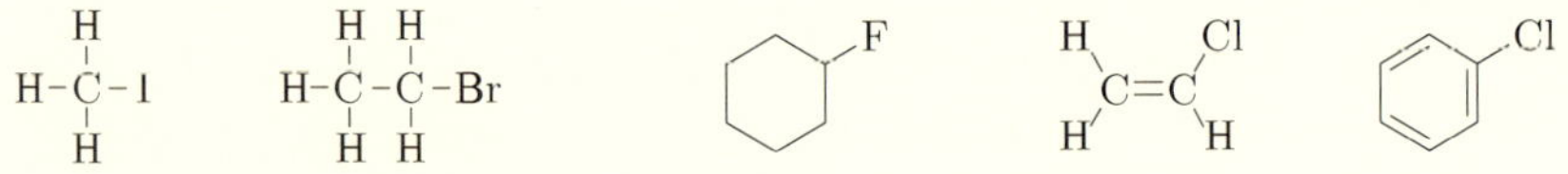

```
   H                H H                    F              H      Cl               Cl
   |                | |                    |              \    /                  |
H-C-I           H-C-C-Br              ⬡-H            C=C               ⬡
   |                | |                                   /    \
   H                H H                                H      H

ヨードメタン      ブロモエタン      フルオロシクロヘキサン   クロロエテン       クロロベンゼン
 または            または              または              または
ヨウ化メチル       臭化エチル         フッ化シクロヘキシル    塩化ビニル
```

図 6.2 有機ハロゲン化合物とその名称

ハロアルカンは，ハロゲン (X) が結合している炭素のアルキル置換の状態に応じて，第 1 級ハロアルカン，第 2 級ハロアルカン，第 3 級ハロアルカンに分類される (図 6.3).

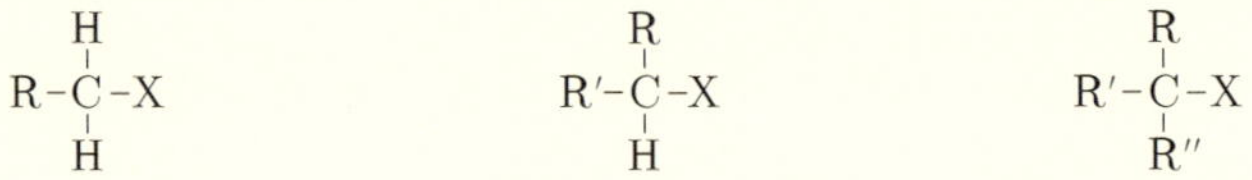

```
      H                    R                     R
      |                    |                     |
  R-C-X              R'-C-X               R'-C-X
      |                    |                     |
      H                    H                     R''

第1級ハロアルカン     第2級ハロアルカン       第3級ハロアルカン
```

図 6.3 ハロアルカンの分類

6.2 構造と性質

ハロゲン原子が sp^3 炭素に結合したものを**ハロアルカン** (ハロゲン化アルキル)，sp^2 炭素に結合したものを**ハロアルケン** (ハロゲン化アルケニル)，sp 炭素に結合したものを**ハロアルキン** (ハロゲン化アルキニル)，芳香環の炭素に結合したものを**芳香族ハロゲン化合物** (ハロゲン化アリール) とよぶ．ハロゲン原子の原子半径は，原子番号の大きな元素ほど大きくなるので，炭素-ハロゲン結合の結合距離は，C-F < C-Cl < C-Br < C-I の順に長くなり，結合の強さは，C-F > C-Cl > C-Br > C-I の順に弱くなる．したがって，ハロメタンの中では，ヨードメタンの反応性が最も高い (表 6.1).

表 6.1 炭素-ハロゲン結合の距離とエネルギー

ハロメタン	ハロゲンの電気陰性度	C-X 結合距離 (pm)	結合解離エネルギー (kJ/mol)
H_3C-F	4.0	139	452
H_3C-Cl	3.0	178	351
H_3C-Br	2.8	193	293
H_3C-I	2.5	214	234

6.3 有機ハロゲン化合物の合成

ハロゲン原子は，炭素原子よりも電気陰性度が大きいので，ハロゲンの誘起効果によって電子を吸引する．したがって，C-X 結合の炭素は部分的正電荷 ($\delta+$) を帯び，ハロゲンは部分的負電荷 ($\delta-$) を帯びており，結合は分極している (図 6.4)．

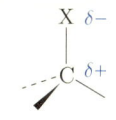

図 6.4 炭素-ハロゲン結合の分極

ハロゲン原子は，重原子であるため，これを含む化合物はほかの有機化合物に比べて密度が大きい．溶媒としてよく用いられるジクロロメタン CH_2Cl_2，トリクロロメタン (クロロホルム) $CHCl_3$，テトラクロロメタン (四塩化炭素) CCl_4 は，密度がそれぞれ 1.33 g/cm^3，1.48 g/cm^3，1.59 g/cm^3 であり，いずれも水よりも重い溶媒である．塩素原子の数が増えるにつれて密度も大きくなっている (図 6.5)．

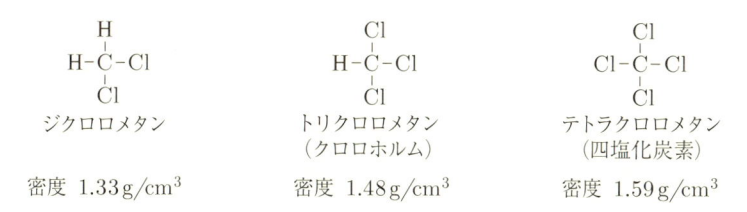

図 6.5 炭素を含む溶媒の構造と密度

6.3 有機ハロゲン化合物の合成

アルカンと塩素 Cl_2 や臭素 Br_2 の混合物に光を当てると置換反応が進行して，ハロアルカンが得られることはすでに述べた．例えば，メタンに塩素 Cl_2 を混ぜて光を当てると，メタン分子中の水素原子が塩素原子に置換されたクロロメタンが生じる．この反応には，不対電子をもち反応性に富んだ化学種であるラジカルが関与している．

図 6.6 のように，メタンと塩素 Cl_2 の混合物に光を照射すると，塩素分子の Cl-Cl 結合を形成する 2 電子が 1 電子ずつに開裂し，反応性に富んだ塩素ラジカル Cl· が生成する (開始段階)．次に，Cl· はメタンの水素原子を引き抜いて，HCl とメチルラジカル ·CH_3 を生じる．このメチルラジカル ·CH_3 は，さらに塩素分子 Cl_2 と反応して，クロロメタン CH_3Cl と塩素ラジカル Cl· が生成する (成長段階)．この塩素ラジカル Cl· は最初の段階にもどり，別のメタン分子の水素原子を引き抜きが起こる．ラジカルどうしが反応したときは，新たにラジカルが生成しないので反応は停止する (停止段階)．ラジカル反応は制御が難

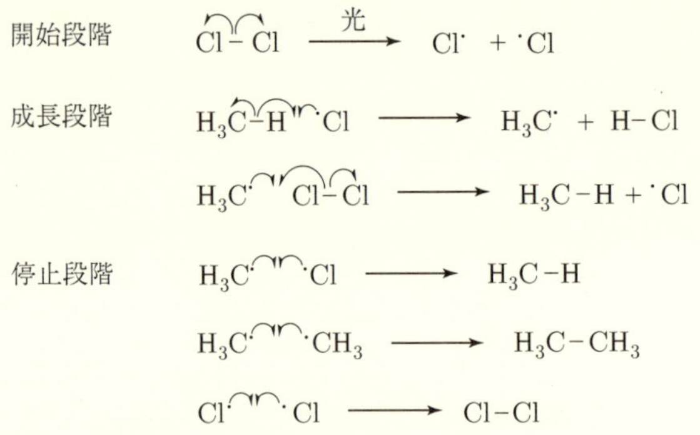

図 6.6　メタンのラジカルハロゲン化

しく，一連の反応が開始されると連続的に進行する**連鎖反応**であり，反応は1段階で止まらないため，塩素 Cl_2 が十分あれば次々と塩素置換したクロロメタン，ジクロロメタン，トリクロロメタン，テトラクロロメタンが生じる．

　アルケンの炭素原子間の二重結合やアルキンの炭素原子間の三重結合は，**付加反応**を起こしやすく，ハロゲン化水素やハロゲンと反応させると，ハロアルカンが生成する．例えば，図6.7のように，エテン（エチレン）に臭化水素 HBr を反応させると，**カルボカチオン**中間体を経て，ブロモエタンが生成する．また，エテンに臭素 Br_2 を作用させると付加反応が容易に進行し，1,2-ジブロモエタンが生成する．この反応は，ハロゲン化水素の付加とは異なった反応機構で進行している．エテンに臭素分子 Br-Br が接近すると，$^{\delta+}$Br-Br$^{\delta-}$ のように分極した状態になり，さらに Br-Br 結合の開裂を伴って，臭化物イオン Br^- が抜け，3員環の**ブロモニウムイオン**中間体が生成する．このブロモニウムイオンに臭化物イオン Br^- が Br-C 結合の反対側から攻撃することにより，3員環が開裂し，新たに C-Br 結合ができる．

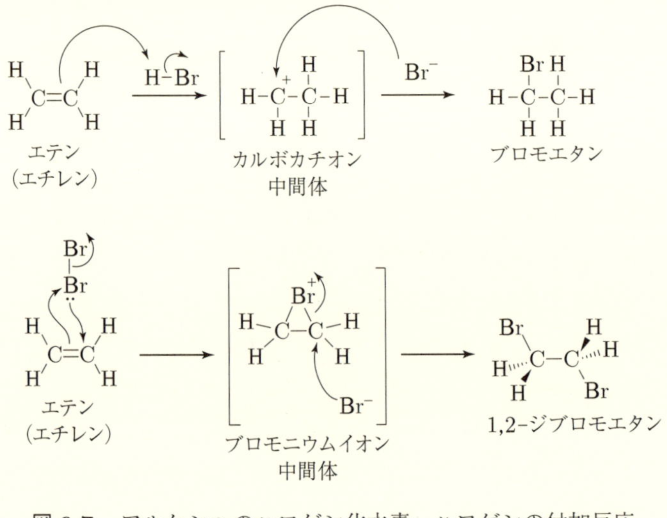

図 6.7　アルケンへのハロゲン化水素，ハロゲンの付加反応

6.3 有機ハロゲン化合物の合成

図 6.8 のように，ハロゲンの付加反応をシクロペンテンのようなシクロアルケンで行うと，環の上と下に臭素原子が 1 つずつ結合した trans-1,2-ジブロモシクロペンタンが生成する．この反応では，環の同じ側に臭素原子が 2 つ結合した cis-1,2-ジブロモシクロペンタンは生成しない．これは臭素の付加反応がブロモニウムイオン中間体を経由している証拠であり，このように反対側に試薬が付加する反応をアンチ付加とよんでいる．

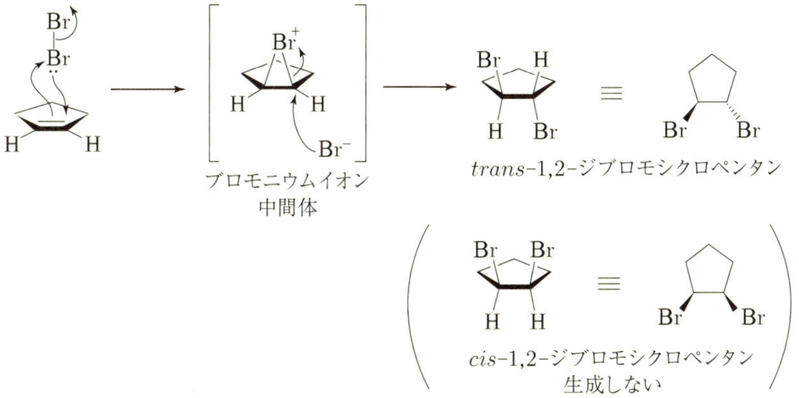

図 6.8 シクロペンテンへの臭素の付加反応

ベンゼンなどの芳香族炭化水素は，環構造が安定なため，アルケンの炭素間の二重結合に比べてハロゲンなどの付加反応は起こりにくく，むしろベンゼン環が保持される置換反応の方が起こりやすい．ルイス酸である塩化鉄(III) $FeCl_3$ の存在下で，塩素 Cl_2 を反応させると置換反応が進行して，クロロベンゼンが生成する．

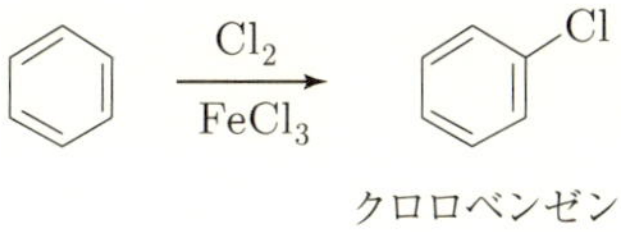

$$\text{ベンゼン} \xrightarrow[FeCl_3]{Cl_2} \text{クロロベンゼン} \tag{6.1}$$

しかし，光(紫外線)を当てるとベンゼンは塩素 Cl_2 の付加反応が進行し，1,2,3,4,5,6-ヘキサクロロシクロヘキサン(ベンゼンヘキサクロリド，BHC)が生成する．

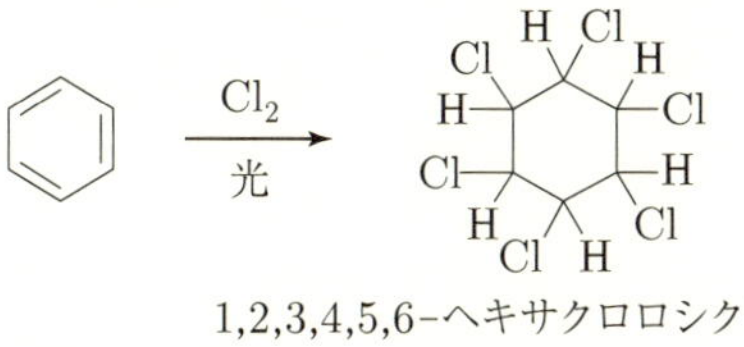

$$\text{ベンゼン} \xrightarrow[\text{光}]{Cl_2} \text{1,2,3,4,5,6-ヘキサクロロシクロヘキサン} \tag{6.2}$$

また，アルコールにハロゲン化水素や塩化チオニル $SOCl_2$ や三臭化リン PBr_3 を作用させることにより，ハロアルカンを合成することができる．2-メチル-2-プロパノール (t-ブチルアルコール) に塩化水素 HCl を作用させると，2-クロロ-2-メチルプロパンが得られる．1-ブタノールに塩化チオニル

SOCl$_2$ を作用させると 1-クロロブタンが，2-プロパノールに三臭化リン PBr$_3$ を作用させると 2-ブロモプロパンがそれぞれ得られる．

$$\underset{\text{2-メチル-2-プロパノール}}{H_3C-\underset{\underset{CH_3}{|}}{\overset{\overset{CH_3}{|}}{C}}-OH} \xrightarrow{HCl} \underset{\text{2-クロロ-2-メチルプロパン}}{H_3C-\underset{\underset{CH_3}{|}}{\overset{\overset{CH_3}{|}}{C}}-Cl} \tag{6.3}$$

$$\underset{\text{1-ブタノール}}{CH_3-CH_2-CH_2-CH_2-OH} \xrightarrow{SOCl_2} \underset{\text{1-クロロブタン}}{CH_3-CH_2-CH_2-CH_2-Cl} \tag{6.4}$$

$$\underset{\text{2-プロパノール}}{H_3C-\underset{\underset{CH_3}{|}}{\overset{\overset{H}{|}}{C}}-OH} \xrightarrow{PBr_3} \underset{\text{2-ブロモプロパン}}{H_3C-\underset{\underset{CH_3}{|}}{\overset{\overset{H}{|}}{C}}-Br} \tag{6.5}$$

6.4 有機ハロゲン化合物の反応

ハロアルカンは，ハロゲンの誘起効果によって C-X 結合の炭素は δ+，ハロゲンは δ− に分極している．このように，極性をもつハロアルカンは，おもに 2 種類の反応が起こる．1 つは求核置換反応であり，もう 1 つは脱離反応である．同じハロアルカンを用いたときでも，反応条件によっては，求核置換反応が起こる場合，脱離反応が起こる場合，同時に両方とも起こる場合がある．

求核置換反応は，電子が豊富な反応剤の攻撃を受けて，ハロゲンが置換する反応である．図 6.9 のように，求核剤 Nu$^-$ は，負に分極した電子に富んだ原子をもつ反応剤で，正に分極した求電子剤の電子不足の炭素原子に電子対を供与して結合を生成する．求核剤は中性または負に荷電している．求電子剤は，正に分極した電子不足の原子をもっており，求核剤から電子を受け取ることによって結合をつくる．求電子剤は中性または正に荷電している．

$$Nu:^- \quad H-\underset{\underset{H}{|}}{\overset{\overset{H}{|}}{C}}^{\delta+}-Br^{\delta-} \longrightarrow Nu-\underset{\underset{H}{|}}{\overset{\overset{H}{|}}{C}}-H + Br^-$$

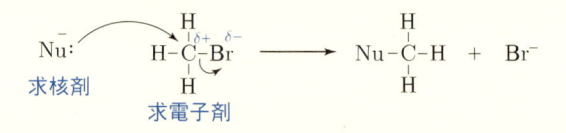

求核剤　　求電子剤

図 6.9　求核置換反応

ブロモエタンと水酸化ナトリウムの求核置換反応では，水酸化物イオン OH$^-$ が求核剤，ブロモエタンが求電子剤として働き，エタノールが生成する．また，ヨードメタンとナトリウムエトキシドの求核置換反応では，エトキシドイオン CH$_3$CH$_2$O$^-$ が求核剤，ヨードメタンが求電子剤として働き，エチルメチルエーテルが生成する．

6.4 有機ハロゲン化合物の反応

$$Na^+OH^- + CH_3CH_2Br \longrightarrow \underset{\text{エタノール}}{CH_3CH_2OH} + NaBr \quad (6.6)$$

$$\underset{\text{ナトリウムエトキシド}}{H_3C\text{-}CH_2\text{-}O^-Na^+} + CH_3I \longrightarrow \underset{\text{エチルメチルエーテル}}{H_3C\text{-}CH_2\text{-}O\text{-}CH_3} + NaI \quad (6.7)$$

脱離反応は，塩基 B^- と酸であるハロアルカンが反応し，水素とハロゲンが脱離して，アルケンが生成する反応である．図 6.10 のように，塩基 B^- は負に分極した電子に富んだ原子をもつ反応剤で，ハロアルカンの脱離基であるハロゲンが結合した炭素原子の隣の炭素原子に結合した水素 (β-水素) と反応して，ハロゲンと水素が脱離しアルケンが生成する．

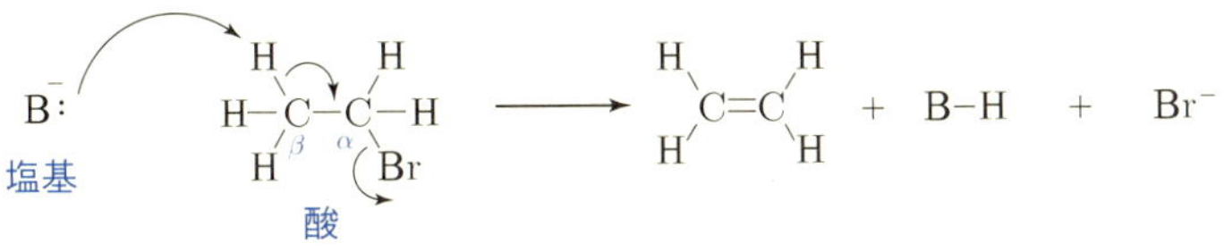

図 6.10 脱離反応

ブロモシクロヘキサンは塩基である水酸化カリウム KOH と反応して，シクロヘキセン，臭化カリウム KBr，水 H_2O を生成する．

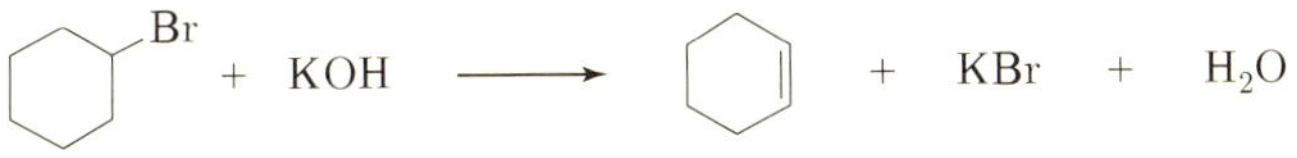

$$\underset{}{\bigcirc\text{-}Br} + KOH \longrightarrow \bigcirc + KBr + H_2O \quad (6.8)$$

また，脱離可能な β-水素が 2 種類以上存在する場合は，2 種類以上のアルケンの位置異性体が生成する．このとき，一般的に熱力学的に安定なアルケンが優先して生成する傾向がある．2-ブロモブタンにナトリウムエトキシドを作用させて，脱離反応を行うと，2-ブテンと 1-ブテンがともに得られるが，熱力学的に安定な 2-ブテンが主生成物となる．このように，より多くの置換基をもつ安定なアルケンが優先して生成するとき，この脱離反応はザイツェフ則 (Zaitsev's rule) に従って進行したという．

$$\underset{\text{2-ブロモブタン}}{CH_3\text{-}\overset{H}{\underset{|}{C}}H\text{-}\overset{Br}{\underset{|}{C}}H\text{-}\overset{H}{\underset{|}{C}}H_2} \xrightarrow{CH_3CH_2O^-Na^+} \underset{\substack{\text{2-ブテン}\\(\text{主生成物})}}{CH_3\text{-}CH=CH\text{-}CH_3} + \underset{\text{1-ブテン}}{CH_3\text{-}CH_2\text{-}CH=CH_2} \quad (6.9)$$

章末問題 6

6.1 次の化合物をエテン (エチレン) から合成するにはどのような方法を用いたらよいかを答えよ．

　　(1) ブロモエタン　　(2) 1,2-ジブロモエタン　　(3) 塩化ビニル

6.2 メタンと臭素 Br_2 の混合気体に光を照射した．そのとき，物質 (1)〜(3) の構造式を書け．

$$CH_4 \rightarrow (1) \rightarrow (2) \rightarrow (3) \rightarrow CBr_4$$

6.3 次の求核置換反応の生成物の構造式を書け．

(1) $CH_3\text{-}CH_2\text{-}\underset{\underset{\text{Cl}}{|}}{CH}\text{-}CH_3$ + NaI ⟶

(2) $CH_3\text{-}CH_2\text{-}CH_2\text{-}I$ + CH_3CH_2ONa ⟶

(3) 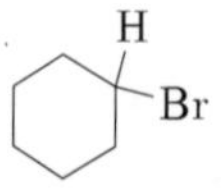 シクロヘキシル(H)(Br) + KCN ⟶

6.4 次の脱離反応の生成物の構造式を書け．

(1) $H_3C\text{-}\underset{\underset{CH_3}{|}}{\overset{\overset{CH_3}{|}}{C}}\text{-}Br$ + NaOH ⟶

(2) $CH_3\text{-}\underset{\underset{Br}{|}}{CH}\text{-}\underset{\underset{CH_3}{|}}{CH}\text{-}CH_3$ + NaOH ⟶

(3) 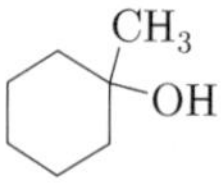 1-メチルシクロヘキサノール (CH₃, OH) + H_2SO_4 ⟶

7

アルコールとフェノール

　エタノールなどのようにアルカン炭素の1つの水素がヒドロキシ基に置換された化合物をアルコールという．また，ベンゼンの炭素原子にヒドロキシ基が結合した化合物をフェノールという．本章では，アルコールやフェノールの性質，反応などについて学ぶ．

7.1　アルコール

7.1.1　アルコールの分類

　アルカン炭素 (sp^3 炭素) の1つの水素が，ヒドロキシ基に置換された化合物を総称してアルコールという．2つの水素がヒドロキシ基に置換された化合物はジオールと総称され，隣り合った炭素にヒドロキシ基がついている化合物を特にグリコールとよぶ．さらに，3個，4個，5個のヒドロキシ基がアルカン炭素に置換すると，それぞれトリオール，テトラオール，ペンタオールとよばれる．また，メタノール (CH_3OH) の炭素にアルキル基が1つ置換した化合物 (R^1CH_2OH) を第1級アルコールとよぶ．すなわち，第1級アルコールはヒドロキシ基がついている炭素上に2つの水素をもっている．同様に，メタノールにアルキル基が2つ置換した化合物 (R^1R^2CHOH) を第2級アルコール，アル

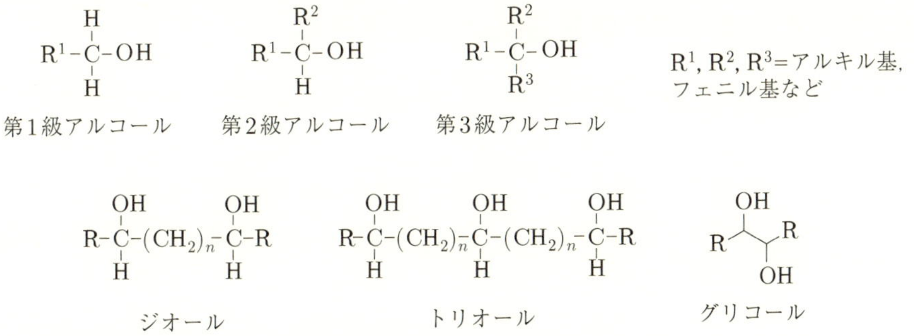

図 7.1　アルコールの分類

キル基が3つ置換し ($R^1R^2R^3COH$),ヒドロキシ基がついている炭素が水素をもっていないアルコール類を第3級アルコールという (図 7.1).

7.1.2 アルコールの性質

アルコール類は,水と同じヒドロキシ基をもつことから,水の同属体 (置換体) とみなすことができる.ヒドロキシ基が極性基 (親水性基) であることから,同じ極性分子である水に溶けやすい性質をもっているが,アルキル側鎖が大きくなると,その疎水的性質から水への溶解度は悪くなる.

水やアルコール類は極性をもつ.その理由は,水分子 H-O-H 間の結合角は 104.5°であり,直線ではなく折れ曲がった形をしているからである.アルコール類も同様と考えてよい (図 7.2).

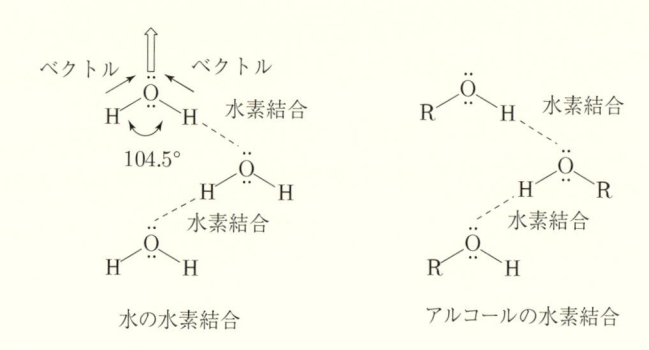

図 7.2 水,アルコールの水素結合

水素原子が,電気陰性度が大きく原子半径の小さい原子 (O, N, F など) に結合すると,電荷の偏りが生じて水素は δ+ に荷電する.このような状態の水素原子は電子受容体として働き,ほかの電気陰性度の大きな原子から電子を受け取ることができるようになる.これが水素結合である.アルコール類は,水と同様に液体では水素結合をつくこともできる.気体になるためには,この水素結合を壊すエネルギーが必要であり,これがアルコールが対応するアルカンやハロゲン化アルキルに比べて沸点が高い理由である.

7.1.3 アルコールの酸性度および塩基性度

アルコール類は,酸としても塩基としても働くことができる両性化合物である (図 7.3).

アルコールの酸素-水素結合では,酸素原子の電気陰性度が水素より大きいため,その水素は δ+ に荷電し,アルコールの水素はプロトン (H^+) として働くことができる.H^+ を出した後に生じるアルコキシドイオンの安定性が,アルコールの酸性の強弱に関与する重要な因子である.一般に,酸としての強さは,第 1 級＞第 2 級＞第 3 級アルコールの順であるが,これは H^+ を出した後

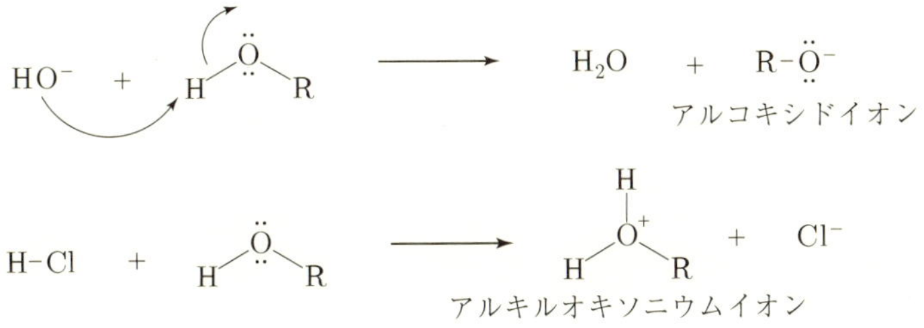

7.1 アルコール

$$HO^- + H\overset{..}{\underset{..}{O}}{-}R \longrightarrow H_2O + R{-}\overset{..}{\underset{..}{O}}{^-}$$
アルコキシドイオン

$$H{-}Cl + H\overset{..}{\underset{..}{O}}{-}R \longrightarrow H\overset{H}{\underset{}{\overset{+}{O}}}{-}R + Cl^-$$
アルキルオキソニウムイオン

図 7.3　酸, 塩基としてのアルコール

に生じる第 3 級アルコキシドイオンが立体的にかさ高いため, 溶媒和による安定化が低くなるためである. そのため, 第 3 級アルコールはアルコキシドイオンになるより, アルコールのままでいようとする傾向が強く, H^+ を出す力が弱くなる. すなわち, 酸性は弱い (図 7.4).

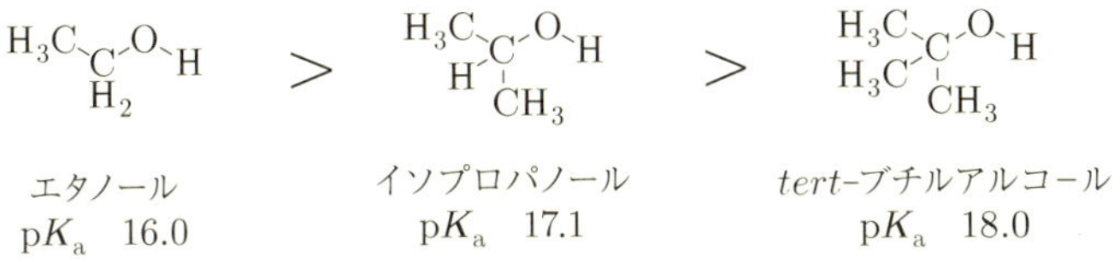

エタノール　　　　イソプロパノール　　　tert-ブチルアルコール
pK_a 16.0　　　　pK_a 17.1　　　　　　pK_a 18.0

図 7.4　アルコールの酸の強さ

一方, アルコール類の酸素原子は非結合電子対をもっており, これが強い酸と出会うとプロトンを受け入れる性質を示し, アルキルオキソニウムイオンをつくる. これが, アルコールが塩基としても働く理由である.

7.1.4 アルコールの反応と合成

(1) アルコールの酸化反応

第 1 級アルコールは適当な酸化剤を用いて酸化すると, 対応するアルデヒドを生じる. この酸化反応を水溶液中で行うと, 生成したアルデヒドに水が付加し, 新たにヒドロキシ基が生じるため酸化はさらに進行し, カルボン酸にまで酸化される (図 7.5).

この反応は, 酸化剤とヒドロキシ基の反応が出発点であることから, 生成したアルデヒドに水が付加しないようにすれば, アルデヒドで止まる. すなわち, アルデヒドを合成したいときは無水溶媒中で酸化を行えばよい. 逆に, 第 1 級アルコールからカルボン酸を 1 工程で合成するためには, この酸化を水溶液中で行えばよい. 酸化は, ヒドロキシ基のついている炭素に, 水素がいくつついているかにも依存する. 水素が 1 つしかない第 2 級アルコールは酸化によりケトンになり, 水素をもたない第 3 級アルコールは一般に酸化されない.

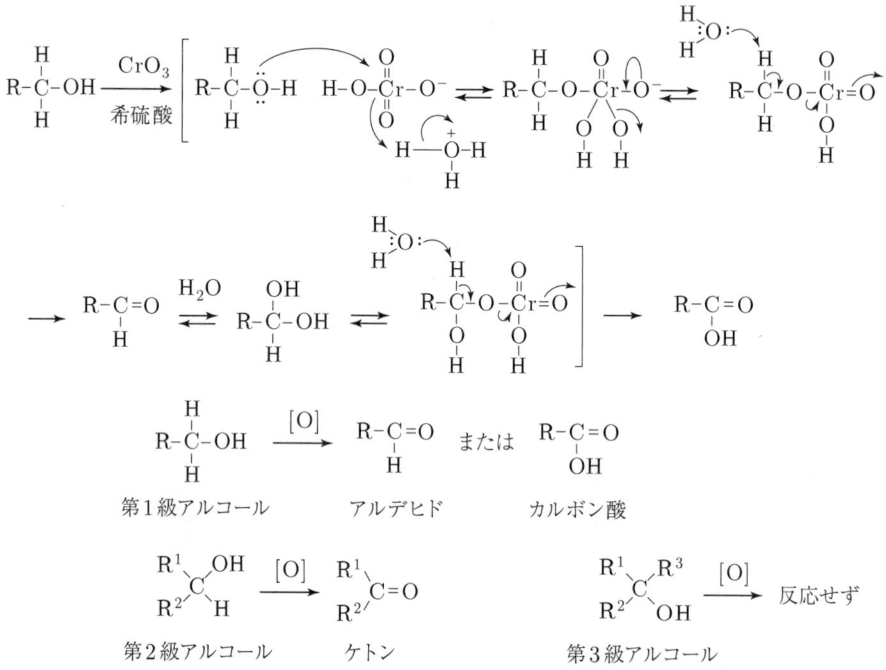

図 7.5　アルコールの酸化

(2) アルコールの置換反応

アルコールを適当な脱離基に変換し，求核剤と反応させると置換反応が進行する．最も一般的な方法は，アルコールからハロゲン化アルキルに変換し，求核剤と反応させる方法である．求核剤がアルコキシドアニオンならば，エーテルが生成する．窒素や硫黄の化合物なども求核剤となることができ，対応するアミンやスルフィドなどをつくることができる (図 7.6).

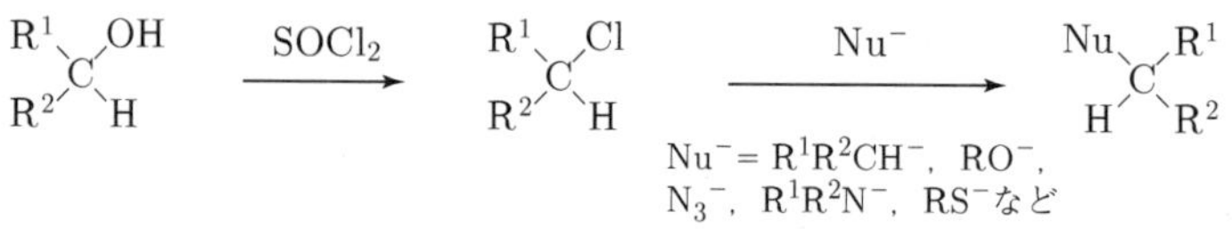

図 7.6　アルコールからアミン，スルフィドへの変換

(3) アルコールの脱水反応

アルコールを脱水するとアルケンが合成できる．酸性条件下での脱水のしやすさは一般に，第 3 級＞第 2 級＞第 1 級アルコールの順であるが，もちろんこの順は基質である化合物の構造によって違ってくる．酸性条件下で第 3 級アルコールが脱水しやすい理由は，中間に生じる炭素陽イオン（カルボカチオン）がアルキル置換基の電子供与効果によって安定化されるためである．一般に，第 3 級アルコールと第 2 級アルコールの酸性条件下での脱水は，カルボカチオ

ンを経由する2段階の反応 (**E1反応**) で進行することが多い．一方，第1級アルコールの場合は，反応の矢印が同時に進行する1段階の反応 (**E2反応**) で進行することが多い (図 7.7)．

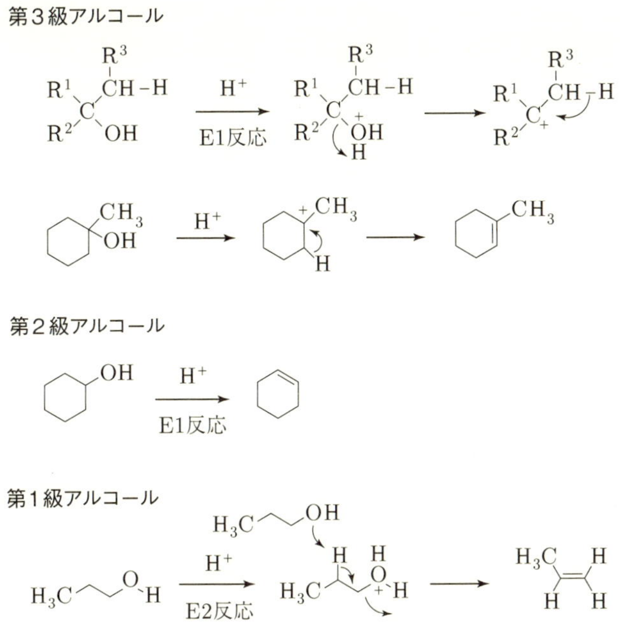

第3級アルコール

第2級アルコール

第1級アルコール

図 **7.7** アルコールの脱水

(4) アルコールの合成

ハロゲン化アルキルのような適当な脱離基をもつ化合物に，ヒドロキシ基を置換すればアルコールになる．このとき，直接ヒドロキシ基を導入しなくても，後で容易に変換可能な官能基，例えばアセトキシ基のようなものと反応させ，ついで加水分解をすればアルコールが得られる．また，カルボン酸やアルデヒドのようなカルボニル化合物の還元反応によってもつくることができる (図 7.8)．

カルボニ化合物の還元反応については，10章参照．

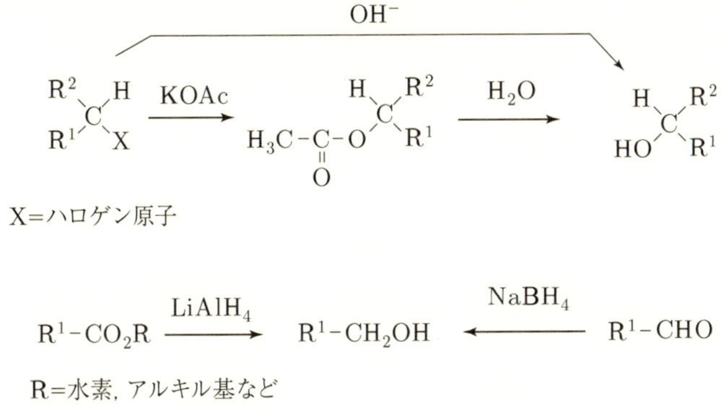

X = ハロゲン原子

R = 水素，アルキル基など

図 **7.8** アルコールの合成

7.2 フェノール

7.2.1 フェノールの分類

芳香環であるフェニル基 (ベンゼン環) の水素を，ヒドロキシ基に置換した化合物をフェノールという．ベンゼンには 6 個の水素があることから，そのうちのいくつか，あるいはすべてがヒドロキシ基に置換された化合物もある．その中で，2 個のヒドロキシ基がオルト位に置換した化合物をカテコール (catechol)，メタ位に置換した化合物をレゾルシノール (resorcinol)，パラ位に置換した化合物をヒドロキノン (hydroquinone) といい，これらは構造異性体である．連続して 3 つ置換した化合物はピロガロール (pyrogallol) とよばれる (図 7.9)．

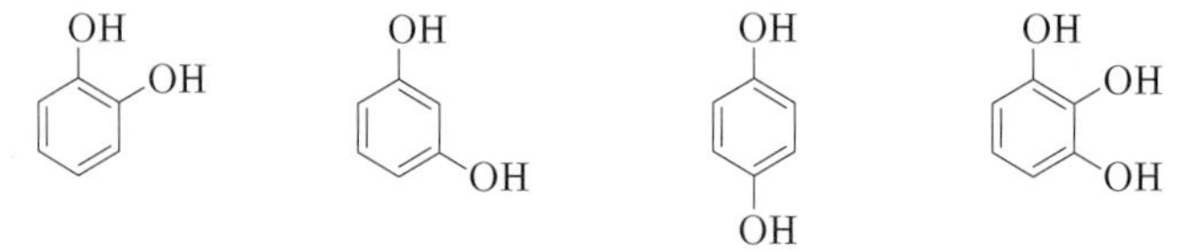

図 7.9　代表的なフェノール類

7.2.2 フェノールの性質 (酸性度)

フェノールは弱酸性化合物であり，強塩基と反応して対応する塩 (フェノキシド) をつくる．これはフェノールのヒドロキシ基が sp^2 炭素に結合しており，sp^3 炭素に結合しているアルコールより，電気陰性度が高く電子を引きつけやすいからである．さらに，フェノールとプロトンを出した後のフェノキシドイオンの共鳴構造式をみると，どちらも 5 個の共鳴構造式が書けるが，フェノールの共鳴構造式では電荷の分離 (もともと電荷がない構造から電荷を生じている) がみられる．一方，フェノキシドイオンにおいては，電荷の分離はなく，アニオンは芳香環内に非局在化できる．したがって，共鳴構造式の数は同じでもフェノキシドイオンの方がより安定であり，フェノールが酸性を示す理由である (図 7.10)．

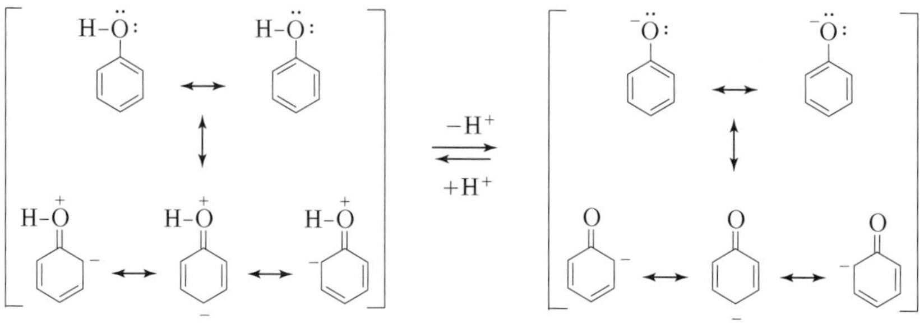

図 7.10　フェノールの共鳴構造式

7.2.3 フェノールの反応と合成

(1) フェノールの酸化

ヒドロキノンは容易に酸化されて，p-キノンとなる．カテコールの酸化では，o-キノンが生成する (図 7.11)．

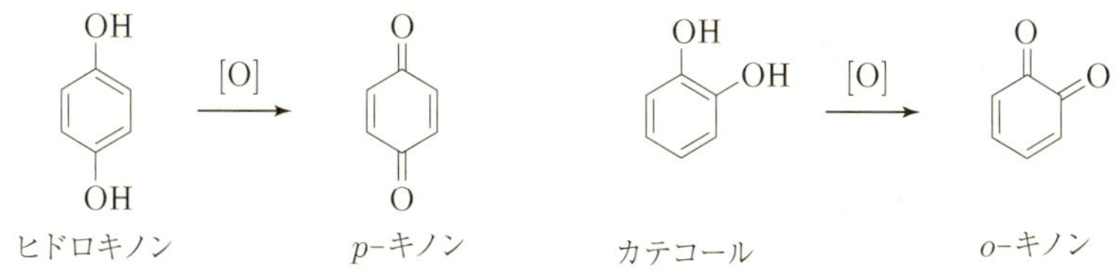

図 7.11 フェノールの酸化

(2) フェノールの置換反応

フェノールのヒドロキシ基は電子供与性基であり，ベンゼン環の電子密度がベンゼンより高くなるが，共鳴効果によりオルト位およびパラ位の電子密度が特に高くなっている．したがって，フェノール類の求電子置換反応はオルト位およびパラ位で進行し，その反応速度はヒドロキシ基の置換していないベンゼンより速い (図 7.12)．

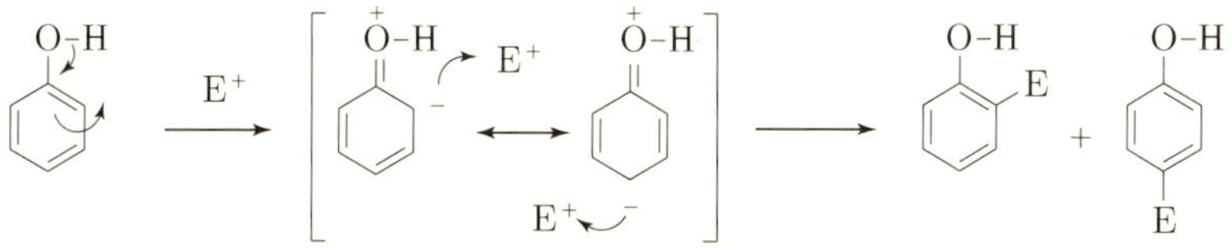

E^+=求電子剤

図 7.12 フェノールの求電子置換反応

(3) フェノールの合成

ベンゼンは電子密度が高い芳香環であるため，ブロモベンゼンなどをヒドロキシ基のような求核試薬と作用させても，置換反応が起こることはほとんどない．しかし，ニトロ基のような強い電子求引性基がハロゲンのオルト位やパラ位に存在すると，ハロゲンのついている位置の電子密度が極めて低くなり，求核試薬と反応するようになる．この反応は，中間体が sp^3 炭素構造をとることから σ 錯体 (σ-complex) あるいはマイゼンハイマー錯体 (Meisenheimer complex) といわれる．一方，アニリンを亜硝酸と反応させるとジアゾニウム塩が生成し，これを水溶液中で加熱分解するとフェノールが得られる (図 7.13)．このほかにも，ベンゼンスルホン酸塩のアルカリ融解やクメン法 (cumene process) などもフェノール合成法としてよく知られた反応である．

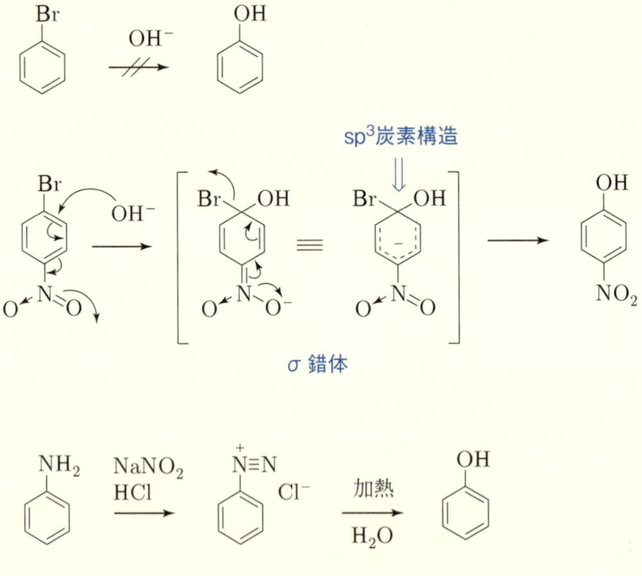

図 7.13　フェノールの合成

章末問題 7

7.1 水やアルコール類が極性をもつ理由を説明せよ．

7.2 アルコール類が水素結合をつくる理由を説明せよ．

7.3 アルコールが塩基として働く理由を説明せよ．

7.4 フェノールが酸性を示す理由を説明せよ．

7.5 第1級アルコールを酸化してアルデヒドを得る方法を述べよ．

8

エーテルとエポキシド

炭素-炭素結合の間に酸素原子が入った化合物をエーテルという．特に，3員環のエーテルをエポキシドという．

8.1 エーテルとエポキシドの性質

炭素-炭素結合の間に酸素原子が入った化合物をエーテルと総称する．また，C-O-C結合をエーテル結合といい，エーテル結合を形成する炭素は sp, sp^2, sp^3 炭素である．エーテルは水の2つの水素が，またアルコールのヒドロキシ基の水素が炭素原子に置き換わったものと考えることができる．したがって，物理化学的性質はそれらと類似しているところもある．例えば，水に対する溶解度はエーテル結合を形成する炭素鎖の大きさに依存し，炭素鎖が短いときは水溶性が大きく，長いと炭素鎖の脂溶性のため水への溶解度は低くなる．一方，エーテルは水素結合形成に必要な水素原子をもたないため，一般に沸点は対応するアルコール類より低い．エーテル類はさまざまな化合物を適度に溶かし，沸点が低く，一般に酸や塩基に対しても安定であることから，反応溶媒としてしばしば用いられる．

エーテル類には鎖状化合物ばかりでなく，環状化合物も存在する (図 8.1)．

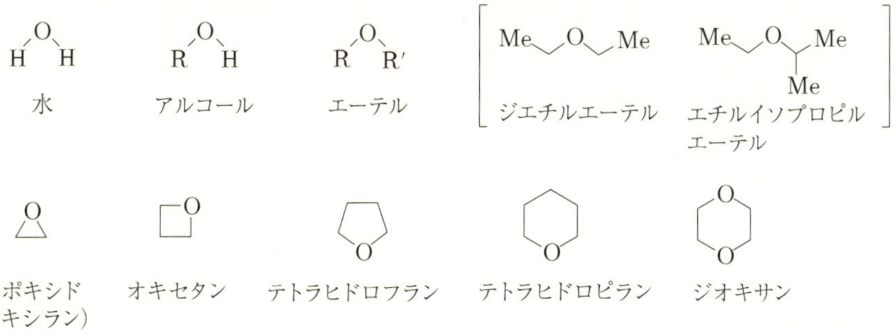

図 8.1 エーテルの種類

いくつかの環状エーテル類が図 8.1 にあるが，このうちで最も小さい環である 3 員環のエーテルを特に，エポキシドあるいはオキシランとよぶ．通常の sp³ 炭素がつくる結合角は 109.5°であるが，エポキシドは 3 員環であることから，結合角は 109.5°よりはるかに小さくなければならず，"角度ひずみ" が生じ，その分不安定である．また，環がほぼ平面に固定化されていることから "ねじれひずみ" も生じ，その不安定さを増大している．これらのことより，エポキシドは合成中間活性種として多用される．置換基をもたないエポキシドをエチレンオキシドとよび，これはポリエステルの原料に使われる．

8.2　エーテルとエポキシドの反応

　　鎖状エーテルは，一般的には酸や塩基に対して安定である．これに対して，エポキシドは上述したように環のひずみのため反応性が高く，酸性条件下でも塩基性条件下でも，容易に環が開裂して対応するアルコールへと変換される．例えば，1,2-エポキシプロパン (2-メチルオキシラン) をエーテル溶媒中で塩化水素と反応させると 1-クロロ-2-プロパノールがおもに生成し，一方，エタノール中，ナトリウムエトキシドと反応させると 1-エトキシ-2-プロパノールが主生成物になる (図 8.2)．

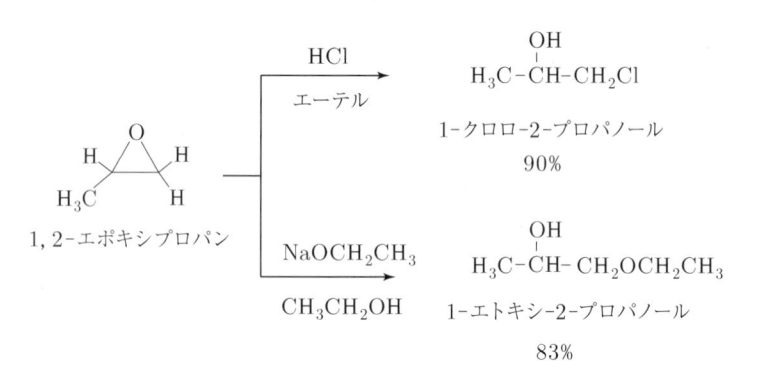

図 8.2　エポキシドの環の開裂反応

8.3　エーテルとエポキシドの合成

8.3.1　エーテルの合成

　　エーテルの合成法としては，ウィリアムソン合成 (Williamson synthesis) が最もよく知られた方法である．アルコールのアルカリ塩 (アルコキシド) とハロゲン化アルキルを反応させ，エーテル結合をつくる反応である．なお，第 3 級ハロゲン化アルキルとアルコキシドとの反応では，ハロゲン化水素の脱離 (b) が優先するため，第 3 級アルコキシドが用いられる (図 8.3)．

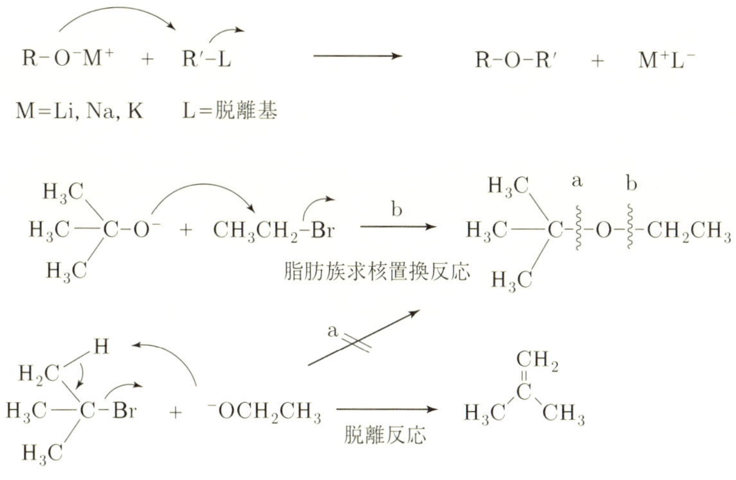

8.3 エーテルとエポキシドの合成

R-O⁻M⁺ + R'-L ⟶ R-O-R' + M⁺L⁻

M=Li, Na, K   L=脱離基

(H₃C)₃C-O⁻ + CH₃CH₂-Br —脂肪族求核置換反応→ (H₃C)₃C-O-CH₂CH₃

(H₃C)₃C-Br + ⁻OCH₂CH₃ —脱離反応→ CH₂=C(CH₃)₂

図 8.3　エーテル結合の生成

また，アルコールを強酸とともに反応させるエーテル合成もよく知られた反応であるが，対称アルコールの合成にしか用いられない．このとき，エーテル形成は反応温度に依存し，低い温度では置換反応が起こり，少し高いとエーテル結合がつくられ，さらに高いとアルケンが生成する (図 8.4).

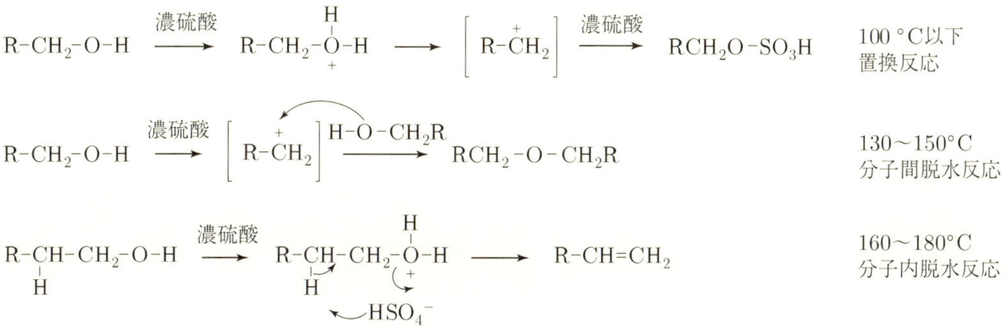

R-CH₂-O-H —濃硫酸→ R-CH₂-O⁺H-H ⟶ [R-CH₂⁺] —濃硫酸→ RCH₂O-SO₃H　　100°C以下　置換反応

R-CH₂-O-H —濃硫酸→ [R-CH₂⁺] ← H-O-CH₂R ⟶ RCH₂-O-CH₂R　　130〜150°C　分子間脱水反応

R-CH-CH₂-O-H —濃硫酸→ R-CH-CH₂-O-H(H⁺) ⟶ R-CH=CH₂　　160〜180°C　分子内脱水反応
　　　　　　　　　　　　　　　　　　　　　←HSO₄⁻

図 8.4　反応温度と生成物の違い

8.3.2 エポキシドの合成

エポキシドはエーテル類と同様に，分子内求核置換反応 (分子内ウィリアムソン合成) で合成できる (図 8.5).

また，アルケンの酸化や，α,β-不飽和カルボニル化合物からもエポキシドを合成することもできる (図 8.6).

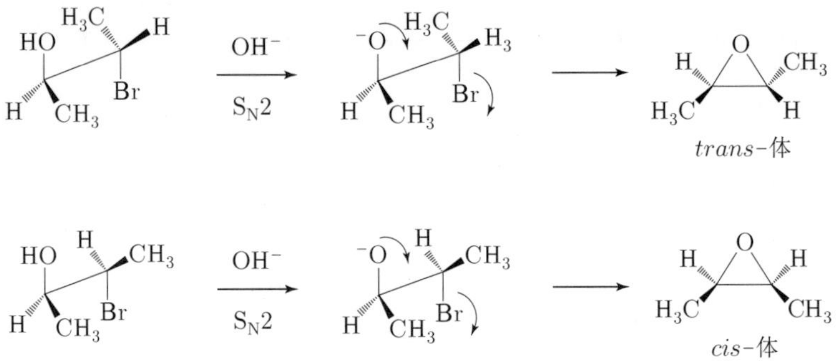
OH⁻
S_N2
trans-体
OH⁻
S_N2
cis-体

図 **8.5**　エポキシドの合成 (分子内ウィリアムソン合成)

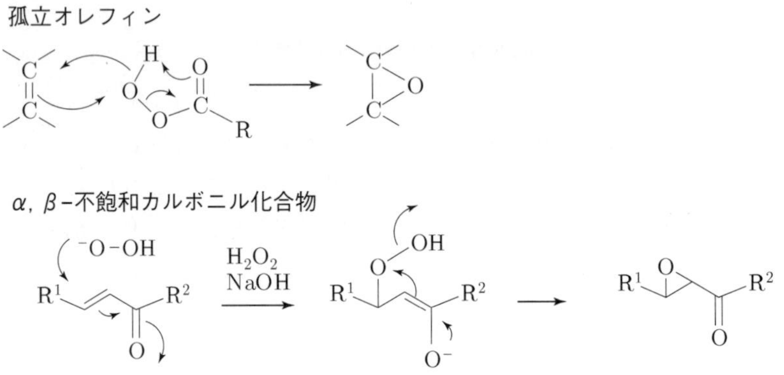
孤立オレフィン
α, β-不飽和カルボニル化合物
H2O2
NaOH

図 **8.6**　エポキシドの合成 (酸化反応)

章末問題 8

8.1　ジエチルエーテル ($C_4H_{10}O$) の沸点は，1-ブタノール ($C_4H_{10}O$) の沸点よりもはるかに低い理由を説明せよ．

8.2　鎖状のエーテルは酸や塩基に安定であるのに対し，エポキシドの反応性が高い理由を説明せよ．

8.3　1,2-エポキシプロパン (2-メチルオキシラン) を臭化水素酸と反応させると，1-ブロモ-2-プロパノールがおもに生成する理由を説明せよ．

8.4　メトキシベンゼン (メチルフェニルエーテル) をつくるとき，ナトリウムフェノキシドとヨウ化メチルが用いられる．このとき，ヨードベンゼンとナトリウムメトキシドを用いない理由を説明せよ．

9
酸と塩基

酸と塩基は H^+(プロトン) や OH^-(水酸化物イオン) だけではない．本章では，まずブレンステッド-ローリーの定義，ルイスの定義を学び，次に酸と塩基の強さを定量的に取り扱うことを学ぶ．

9.1 ブレンステッド-ローリーの酸と塩基の定義

ブレンステッド-ローリーの定義 によると，酸とは H^+ (プロトン) を放出する物質であり，塩基とは H^+ を受け取る物質である．例えば，式 (9.1) の場合，左から右に進む反応を考えると，HCl は H^+ を放出して Cl^- になるから酸であり，H_2O は H^+ を受け取って H_3O^+ (オキソニウムイオン) になるから塩基である．一方，右から左への逆反応を考えると，H_3O^+ は H^+ を放出して H_2O になるから酸であり，Cl^- は H^+ を受け取って HCl になるから塩基である．このとき，H_3O^+ は H_2O の共役酸，Cl^- は HCl の共役塩基とよばれる．

Brønsted, Johannes Nicolaus (1879-1947)

Lowry, Thomas Martin (1874-1936)

$$\begin{array}{ccccccc} HCl & + & H_2O & \rightleftharpoons & H_3O^+ & + & Cl^- \\ 酸 & & 塩基 & & 共役酸 & & 共役塩基 \end{array} \quad (9.1)$$

NH_3 と H_2O の反応の場合，水は酸の役割をしている．このように，水は酸にも塩基にもなる．

$$\begin{array}{ccccccc} NH_3 & + & H_2O & \rightleftharpoons & NH_4^+ & + & OH^- \\ 塩基 & & 酸 & & 共役酸 & & 共役塩基 \end{array} \quad (9.2)$$

9.2 ルイスの酸と塩基の定義

ルイスは H^+ の授受ではなく，電子対の授受で酸と塩基を定義した．すなわち，ルイス酸とは電子対を受け取る物質であり，ルイス塩基は電子対を供与する物質である．式 (9.1), (9.2) を電子の動きを表す矢印を用いて書くと，式 (9.3), (9.4) のようになる．

Lewis, Gilbert Newton (1875-1946)

$$\overset{..}{\underset{..}{Cl}}-H + :\overset{..}{O}-H \rightleftarrows H-\overset{+}{\underset{H}{\overset{..}{O}}}-H + :\overset{..}{\underset{..}{Cl}}:^- \qquad (9.3)$$

ルイス酸　ルイス塩基

$$H-\underset{H}{\overset{H}{N}}-H + H-\overset{..}{\underset{H}{O}}: \rightleftarrows H-\overset{+}{\underset{H}{\overset{H}{N}}}-H + :\overset{..}{O}-H \qquad (9.4)$$

ルイス塩基　ルイス酸

この考え方によれば，式 (9.5) のように，三フッ化ホウ素 (BF_3) はルイス酸，ジエチルエーテル ($C_2H_5OC_2H_5$) はルイス塩基と定義することができる．ホウ素の空の軌道にジエチルエーテルの酸素原子から電子対が供与されているからである．

$$F-\underset{F}{\overset{F}{B}} + :\overset{..}{O}-C_2H_5 \rightleftarrows F-\underset{F}{\overset{F}{B}}-\overset{+}{\overset{..}{O}}-C_2H_5 \qquad (9.5)$$
$$\quad\quad\quad\quad\quad C_2H_5 \quad\quad\quad\quad\quad C_2H_5$$

ルイス酸　　ルイス塩基

9.3 酸と塩基の強さ

HCl と H_2O の場合，平衡はほとんど右に偏っているが (式 (9.6))，酢酸 (CH_3COOH) のような弱い酸の場合には平衡は左に偏っている (式 (9.7))．

$$HCl + H_2O \rightleftarrows H_3O^+ + Cl^- \qquad (9.6)$$

$$CH_3COOH + H_2O \rightleftarrows H_3O^+ + CH_3COO^- \qquad (9.7)$$

このような酸の強さ，弱さは式 (9.9) のような平衡定数 K_{eq} で表すことができる．

$$HA + H_2O \rightleftarrows H_3O^+ + A^- \qquad (9.8)$$

$$K_{eq} = \frac{[H_3O^+][A^-]}{[HA][H_2O]} \qquad (9.9)$$

しかし，水の濃度はほぼ一定であるので ($[H_2O]$ = 55.6 mol/L)，一般に酸解離定数 (K_a，酸性度定数ともいう) が用いられる (式 (9.10))．

$$K_a = K_{eq}[H_2O] = \frac{[H_3O^+][A^-]}{[HA]} \qquad (9.10)$$

また，これは pH と同じように，対数に負の符号をつけた pK_a で表されることが多い (式 (9.11))．

$$pK_a = -\log K_a \qquad (9.11)$$

強い酸は式 (9.8) の平衡が右に偏っているため，K_a は大きい，すなわち pK_a は小さい値となる．一方，弱い酸の K_a は小さい，すなわち pK_a は大きい値となる．表 9.1 にさまざまな化合物の pK_a を示す．

9.3 酸と塩基の強さ

表 9.1 さまざまな化合物の pK_a と共役塩基

	酸	pK_a	共役塩基	
強酸 ↑↓ 弱酸	HCl	約 −7	Cl^-	弱塩基 ↓↑ 強塩基
	CH_3COOH	4.8	CH_3COO^-	
	NH_4^+	9.2	NH_3	
	C_6H_5OH	10.0	$C_6H_5O^-$	
	H_2O	15.7	OH^-	
	C_2H_5OH	16.0	$C_2H_5O^-$	
	CH_3COCH_3	19.3	$CH_3COCH_2^-$	
	$HC\equiv CH$	25	$HC\equiv C^-$	
	NH_3	33	NH_2^-	
	C_6H_6	43	$C_6H_5^-$	
	CH_4	約 50	CH_3^-	

例えば，酢酸はフェノール (C_6H_5OH) より強い酸であり，フェノールはエタノール (C_2H_5OH) より強い酸である．

大きな pK_a をもつ酸は弱い酸であるが，その共役塩基は強い塩基となる．弱い酸は本来 H^+ を放出しにくい化合物であるのに，共役塩基はその H^+ を放出した形になっている．したがって，弱い酸の共役塩基は H^+ を取りもどそうとする，つまり H^+ を受け取る力が強い塩基なのである．

pK_a を知っていれば，酸塩基反応を予測することが可能である．ある化合物を脱プロトン化したければ，その化合物より弱い酸の共役塩基 (すなわち強い塩基) と反応させればよい．例えば，酢酸を脱プロトン化したければ，OH^- を用いればよい (式 (9.12))．

$$CH_3COOH + OH^- \rightleftarrows CH_3COO^- + H_2O \quad (9.12)$$
$$pK_a = 4.8 \qquad\qquad\qquad pK_a = 15.7$$

しかし，アセチレン ($HC\equiv CH$) を脱プロトン化するには，OH^- は使えない (式 (9.13))．なぜなら，アセチレンの共役塩基 ($HC\equiv C^-$) の方が，OH^- よりも強い塩基だからである．この場合，NH_2^- を用いれば，アセチレンを脱プロトン化させることができる (式 (9.14))．

$$HC\equiv CH + OH^- \rightleftarrows CH\equiv C^- + H_2O \quad (9.13)$$
$$pK_a = 25 \qquad\qquad\qquad pK_a = 15.7$$

$$HC\equiv CH + NH_2^- \rightleftarrows HC\equiv C^- + NH_3 \quad (9.14)$$
$$pK_a = 25 \qquad\qquad\qquad pK_a = 33$$

9.4 有機酸

酢酸はエタノールより強い酸である．この理由は，共鳴によって説明できる．式 (9.15) のように，エタノールの共役塩基 ($C_2H_5O^-$) は酸素原子に負電荷が局在化している．一方，酢酸の共役塩基 (CH_3COO^-) は式 (9.16) のように，共鳴により負電荷が非局在化していて共役塩基が安定であるため，酢酸はより強い酸である．

$$C_2H_5-OH \longrightarrow C_2H_5-O^- + H^+ \tag{9.15}$$

$$CH_3-\underset{OH}{\overset{O}{C}} \longrightarrow \left[CH_3-\underset{O^-}{\overset{O}{C}} \leftrightarrow CH_3-\underset{O}{\overset{O^-}{C}} \right] + H^+ \tag{9.16}$$

カルボン酸の酸性については，11 章でも取り上げる．

フェノールの共役塩基 ($C_6H_5O^-$) も式 (9.17) のように共鳴安定化する．そのため，フェノール ($pK_a = 10.0$) は酢酸 ($pK_a = 4.8$) より弱い酸であるが，エタノール ($pK_a = 16.0$) より強い酸となる．

$$\tag{9.17}$$

アセトン (CH_3COCH_3) も極めて弱いながらも酸性を示す ($pK_a = 19.3$)．これも，式 (9.18) のような共役塩基 ($CH_3COCH_2^-$) の共鳴安定化で説明できる．

$$CH_3-\underset{CH_3}{\overset{O}{C}} \longrightarrow \left[CH_3-\underset{CH_2}{\overset{O}{C}} \leftrightarrow CH_3-\underset{CH_2}{\overset{O^-}{C}} \right] + H^+ \tag{9.18}$$

9.5 有機塩基

アンモニアは式 (9.2), (9.4) で示したように，水溶液中で弱い塩基性を示す．アルキルアミンもまた，アンモニアと同程度の塩基性を示す (式 (9.19))．

$$R-NH_2 + H_2O \rightleftarrows R-NH_3^+ + OH^- \tag{9.19}$$

9.5 有機塩基

アルキルアミンの塩基性はアンモニアよりも強い．これは，電子供与性のアルキル基が窒素原子に結合することにより，窒素原子の電子密度が高まるため，電子対が水から H^+ を受け取りやすくなるからである．メチルアミン，ジメチルアミンの共役塩基 ($CH_3NH_3^+$, $(CH_3)_2NH_2^+$) の pK_a は，アンモニウムイオン (NH_4^+) の pK_a より大きい．すなわち，メチルアミン (CH_3NH_2)，ジメチルアミン ($(CH_3)_2NH$) はアンモニアより強い塩基である (図 9.1)．

アミンの塩基性については，13章でも取り上げる．

$$NH_4^+ \qquad CH_3-NH_3^+ \qquad CH_3-\underset{\underset{CH_3}{|}}{N}H_2^+$$

$$pK_a=9.2 \qquad pK_a=10.6 \qquad pK_a=10.8$$

図 9.1 アンモニウム塩 (アミンの共役酸) の pK_a

一方，アニリンの共役塩基 ($C_6H_5NH_3^+$) の pK_a は 4.6 であり，アンモニアよりかなり弱い塩基である．これは，共鳴によりアニリンの窒素原子の電子対が芳香環に非局在化することにより，窒素原子の電子密度が低くなるからである (式 (9.20))．

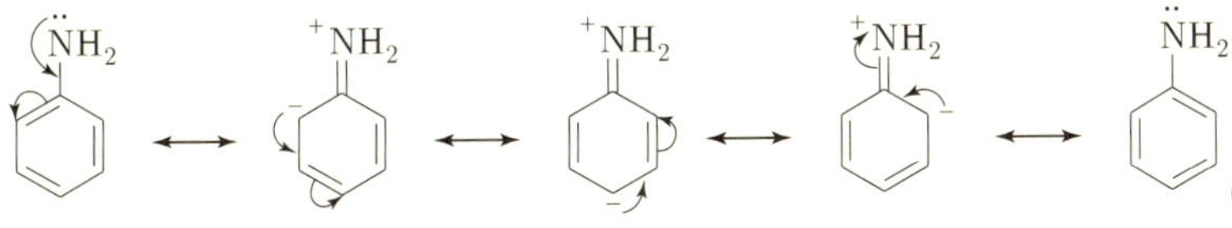

$$\text{(構造式: アニリンの共鳴構造)} \tag{9.20}$$

アルキルアミンや芳香族アミンの窒素原子は sp^3 混成であるが，アミド ($RCONH_2$) の窒素原子は sp^2 混成となっている．アミドの窒素原子の電子対は p 軌道にあり，カルボニル基と共役して非局在化する (式 (9.21))．したがって，アミドは塩基性を示さない．

$$R-\underset{\underset{NH_2}{|}}{\overset{\overset{O}{||}}{C}} \longleftrightarrow R-\underset{\underset{NH_2^+}{|}}{\overset{\overset{O^-}{|}}{C}} \tag{9.21}$$

ルイス酸・塩基の強さについて

ブレンステッド-ローリーの定義による酸・塩基の強弱は，pK_a によって表現できることを本章で学んだ．それでは，ルイス酸・塩基の強弱を定量的に比較することはできるだろうか．実は，ルイス酸の強さは，相手のルイス塩基によって異なり，相手次第でしばしば強弱が逆転してしまうため，定量化することが難しい．そこで，ピアソンは酸・塩基を便宜的に，硬い酸，軟らかい酸，硬い塩基，軟らかい塩基の4種類に分類した．硬い酸と硬い塩基のペア，軟らかい酸と軟らかい塩基のペアはそれぞれ相性がよく，強く反応，結合する．この考え方は，金属中毒の解毒剤の選択にも応用されている．

章末問題 9

9.1 次の反応において，酸，塩基はそれぞれどれかを示せ．

(1) $C_2H_5\text{-}OH \ + \ OH^- \ \rightleftarrows \ C_2H_5\text{-}O^- \ + \ H_2O$

(2) $C_2H_5\text{-}OH \ + \ HCl \ \rightleftarrows \ C_2H_5\text{-}\overset{+}{O}H_2 \ + \ Cl^-$

9.2 水のイオン積 $[H_3O^+][OH^-] = 1.0 \times 10^{-14} \ (\text{mol/L})^2$ と，水の濃度 $[H_2O] = 1000/18 = 55.6 \ \text{mol/L}$ を用いて，水の pK_a を計算せよ．

9.3 表 9.1 の pK_a の値から，次の反応が起こるかどうかを予測せよ．

(1) $CH_3COCH_3 \ + \ NH_3 \ \longrightarrow \ CH_3COCH_2^- \ + \ NH_4^+$

(2) $CH_3COCH_3 \ + \ NH_2^- \ \longrightarrow \ CH_3COCH_2^- \ + \ NH_3$

9.4 アニリンとジフェニルアミンのうち，どちらの塩基性が強いかを予測せよ．

10
アルデヒドとケトン

　炭素-炭素二重結合をもつ化合物としてアルケン (2章) を学んだが，炭素-酸素二重結合を含む官能基を カルボニル基 (carbonyl group) とよび，カルボニル基をもつ化合物は カルボニル化合物 とよばれる (図 10.1)．カルボニル化合物は，有機化学の中で大変重要な位置を占め，アルデヒド，ケトン，カルボン酸，カルボン酸誘導体などのいろいろな種類の化合物が知られている．カルボニル化合物は自然界に広く分布しており，生命現象においても極めて重要な役割を担っている．

　本章では，アルデヒドとケトンについて学び，11, 12章ではカルボン酸およびその誘導体について学ぶ．

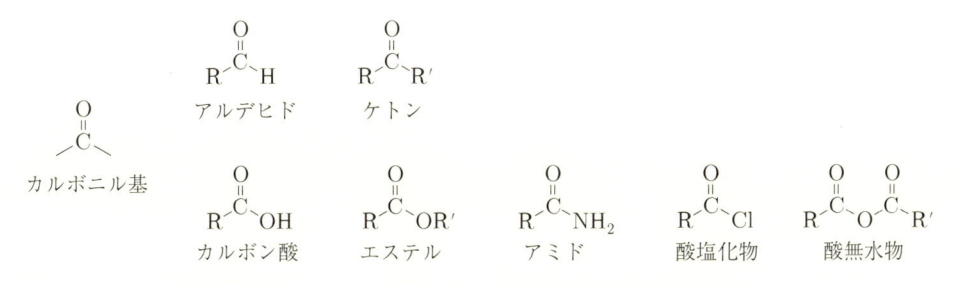

図 10.1　カルボニル基および代表的なカルボニル化合物

　カルボニル基の2個の結合手に，1つは水素が，残りの1つに水素またはアルキル基が結合したものを アルデヒド (aldehyde) とよぶ．最も単純なアルデヒドは，カルボニル基に2つの水素が結合したホルムアルデヒドである．その37%水溶液のホリマリンは，消毒液や防腐剤として用いられる．カルボニル基の一方に結合している炭素の種類により，アセトアルデヒドのような脂肪族アルデヒドと，ベンズアルデヒドに代表される芳香族アルデヒドに分類される．アイスクリームなどに使用される香料のバニリンは，ベンズアルデヒドの一種である (図 10.2)．

図 10.2　脂肪族アルデヒドと芳香族アルデヒド

ケトン (ketone) は，カルボニル基に 2 つのアルキル基が結合している．結合している置換基の種類により，アセトンのような脂肪族ケトン，ベンゾフェノンに代表される芳香族ケトン，さらにシクロヘキサノンのような環状ケトンに分類される．アセトンは，有機溶媒として大量に用いられている．天然香料にはジャコウジカ由来のムスコンのようにケトン基をもつものが多い (図 10.3).

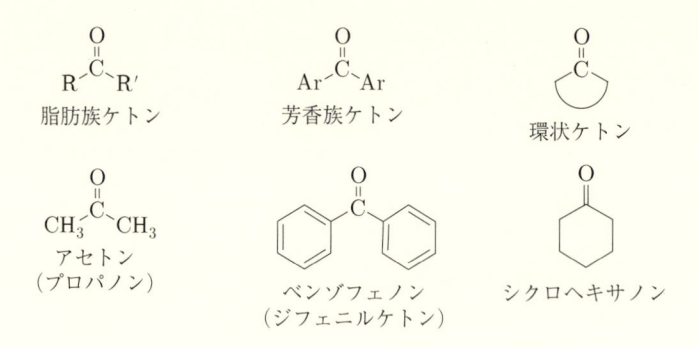

図 10.3　脂肪族ケトン，芳香族ケトン，環状ケトン

10.1　アルデヒドとケトンの命名法

　　IUPAC 命名法では，脂肪族アルデヒドは対応するアルカン (alkane) の語尾の–e をアール (–al) に置き換え，アルカナール (alkanal) と命名する．環に直接に結合しているアルデヒドには，カルバルデヒド (carbaldehyde) を接尾語としてつける．ケトンの命名は語尾にオン (–one) をつけ，アルカノン (alkanone) で表す．また，慣用的にカルボニル基に結合しているアルキル基あるいはアリール基名を並べた後に，アルデヒドやケトンをつけてよぶことも多い．

　　例えば，炭素 3 つのアルデヒドは，プロパン+アールで，プロパナール (propanal) となり，4 つの炭素ではブタナール (butanal) となる．同様に，炭素 4 つの鎖状のケトンは，末端からのカルボニル基の位置，2- とブタン + オン

10.2 アルデヒドとケトンの構造と性質

[図 10.4: プロパナール (propanal) [プロピオンアルデヒド]、ブタナール (butanal) [ブチルアルデヒド]、シクロヘキサンカルバルデヒド (cyclohexanecarbaldehyde)、2-ブタノン (2-butanone) [エチルメチルケトン]、3-ペンタノン (3-pentanone) [ジエチルケトン]、シクロブタノン (cyclobutanone)]

図 10.4 アルデヒドとケトンの命名

から，2-ブタノン (2-butanone) となる．炭素 5 つの鎖状のケトンでカルボニル基が真ん中の炭素上にあるものは，3-ペンタノン (3-pentanone) となる．なお，[　]内には慣用名を示した (図 10.4)．

10.2 アルデヒドとケトンの構造と性質

アルデヒドとケトンだけでなく，カルボン酸やその誘導体のカルボニル化合物に共通する性質を理解するためには，カルボニル基の構造と性質を把握する必要がある．カルボニル基の炭素-酸素二重結合はアルケンの炭素-炭素二重結合と同様に，σ結合とπ結合で形成されている (図 10.5)．

図 10.5 カルボニル基の炭素-酸素二重結合

しかし，酸素の電気陰性度は炭素よりも大きいので，C=O 結合は C=C 結合と異なり大きく分極している．すなわち，C=O 結合の電子は酸素側に引きつけられ，その結果，炭素上に部分的な正電荷が生じ，酸素上には部分的な負電荷が生じている．したがって，炭素は**求電子的** (δ+) であり，求核剤と反応する．これに対して，酸素は**求核的** (δ-) であり，求電子剤と反応する (図 10.6)．

アルデヒドとケトンに特徴的な反応として，カルボニル基への**求核付加反応**，カルボニル基の隣の炭素 (α-炭素) での**置換反応**，さらにもう 1 分子のカルボニル化合物との**縮合反応**がある．ここでは，カルボニル基への求核付加反応について学ぶ．

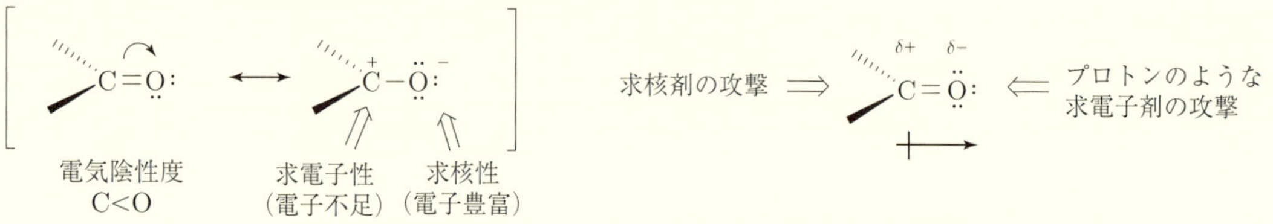

図 10.6 カルボニル基の電子的性質と反応性

カルボニル基の分極は，物理化学的な性質にも影響を及ぼす．アルデヒドやケトンは同程度の分子量をもつ炭化水素に比べて高い沸点を示す．これは，カルボニル基が分極しているので分子間での求引力が生じるためである．また，アセトアルデヒドやアセトンのような低分子量のカルボニル化合物は，カルボニル基の分極により分子全体としての極性が大きくなるため，水とよく混じり合う．

10.3　カルボニル基への求核付加反応

カルボニル基の分極により炭素原子は電子不足の状態にあるので，求核剤 (Nu) は矢印 ① のように炭素原子を攻撃する．炭素原子は**オクテット則** (八電子則) を満たしているので，π結合は矢印 ② のように開裂し，結合電子は電気陰性度の大きい酸素原子上に移動する．電子が移動してきた酸素原子は，負電荷をもつアルコキシドイオン中間体となる．アルコールなどのプロトン性溶媒を使用している場合，あるいは反応終了後に水を加えることで，負電荷をもつ酸素原子は矢印 ③ のようにプロトンを受け取り，反応が完結する．反応全体としては，炭素-酸素二重結合に求核剤とプロトンが求核付加したことになる．塩基性の強い求核剤 を用いる場合，このような**求核付加-プロトン化**の経路をとる (図 10.7)．

カルボニル基の炭素原子の混成軌道の変化をみると，平面三方形の sp^2 混成炭素原子への求核剤の付加に伴い，**四面体中間体**の sp^3 混成炭素原子となっている．

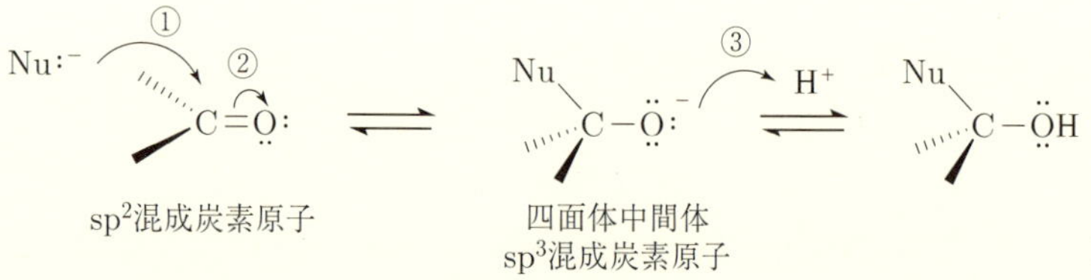

図 10.7　カルボニル基に対する求核付加-プロトン化

カルボニル基への付加反応を 酸性条件下 で行うと，反応機構が異なってくる．電子が豊富な酸素原子は矢印 ① のようにプロトン化され，正に荷電する．この共鳴安定化されている炭素陽イオン中間体はもとのカルボニル化合物より

10.4 求核剤に対するアルデヒドとケトンの反応性

図 10.8 カルボニル基に対するプロトン化-求核付加

も反応性が増している．したがって，比較的塩基性の弱い求核剤でも，矢印 ② のようにカルボニル炭素を攻撃することができる．酸性条件下での付加反応の場合，プロトン化-求核付加の経路で進む (図 10.8)．

求核剤の塩基性度の違いより，求核付加反応が可逆あるいは不可逆的に進行するかどうかが決まる．グリニャール試薬やヒドリド反応剤のような塩基性の強い求核剤を用いた場合，求核付加-プロトン化の経路をとり，不可逆的に進みアルコールを生成する．これに対して，水やアルコールなどの電荷的に中性で塩基性の弱い求核剤では，一般に酸触媒が用いられ，反応はプロトン化-求核付加の経路で可逆的に進行する．

Grignard, Victor (1871-1935)

10.4 求核剤に対するアルデヒドとケトンの反応性

一般に，アルデヒドはケトンよりも求核剤に対する反応性が高い．これは，立体的および電子的な効果のためである．立体的な効果を考えた場合，ケトンには 2 つのアルキル基がカルボニル炭素に直結しているのに対して，アルデヒドでは水素とアルキル基であり，図 10.9 に示すように，求核剤がカルボニル炭素に攻撃する際の立体障害 (混み合い) は，アルデヒドの方がケトンに比べて小さい．

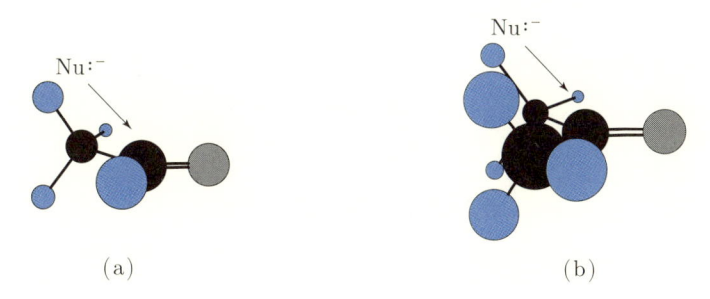

図 10.9 アセトアルデヒド (a) とアセトン (b) に対する求核攻撃

電子的な効果を考えても，アルキル基は水素よりも電子供与性なので，アルキル基を 2 つもつケトンの方がアルデヒドよりもカルボニル炭素の求電子性 ($\delta+$ の度合) は弱まり，求核剤に対する反応性が減少する (図 10.10)．

図 10.10　カルボニル炭素の求電子性

10.5　炭素求核剤による求核付加反応

10.5.1　グリニャール試薬の付加

金属 Mg とハロゲン化アルキル (RX) から調製する RMgX 型の有機マグネシウム試薬を**グリニャール試薬**とよぶ．マグネシウムの電気陰性度は炭素に比べて小さいので，RMgX は R^-MgX^+ とみなすことができる．つまり，グリニャール試薬は**カルボアニオン等価体** (炭素陰イオン源) として利用できる．

グリニャール試薬はアルデヒドやケトンに不可逆的に付加して，新しい炭素-炭素結合を形成するとともにアルコキシド塩を生成する．アルコキシド塩が酸水溶液で加水分解されると，アルコールが得られる (図 10.11)．

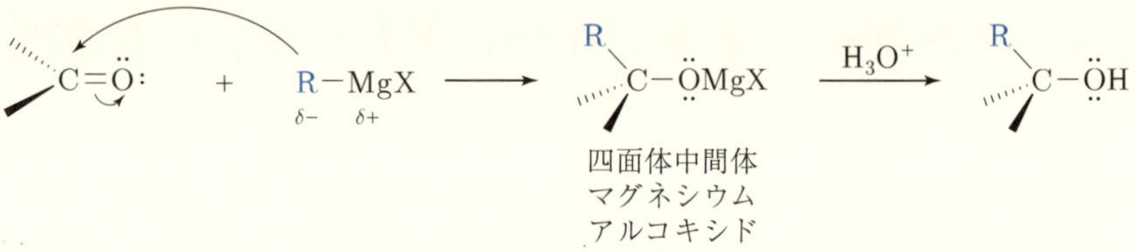

図 10.11　カルボニル基に対するグリニャール試薬の付加反応

グリニャール試薬とカルボニル化合物の反応は，アルコールを合成するのに有用な反応である．カルボニル化合物の種類によって，生成するアルコールも異なるので注意しなければならない．グリニャール試薬はホルムアルデヒドと反応して第 1 級アルコールを，アルデヒドと反応して第 2 級アルコールを，ケトンと反応して第 3 級アルコールが得られる (図 10.12)．

グリニャール試薬の発見

グリニャール試薬は，フランスの化学者グリニャールによって 1900 年に見いだされた．グリニャールは，著名な化学者バルビエールの指導のもとでバルビエール反応を検討した．この反応は，マグネシウムを共存させたメチルケトンのエーテル溶液にヨウ化メチルを滴下すると，激しい発熱が起こるもので，生成物としてアルコールが得られた．この反応は，再現性に乏しく，かつ収量もあまりよくなかった．この反応を詳細に検討したグリニャールは，マグネシウムとハロゲン化アルキル (R-X) からアルキルマグネシウム化合物 (R-Mg-X) をまずつくり，これをケトンと反応させる画期的な方法を確立した．

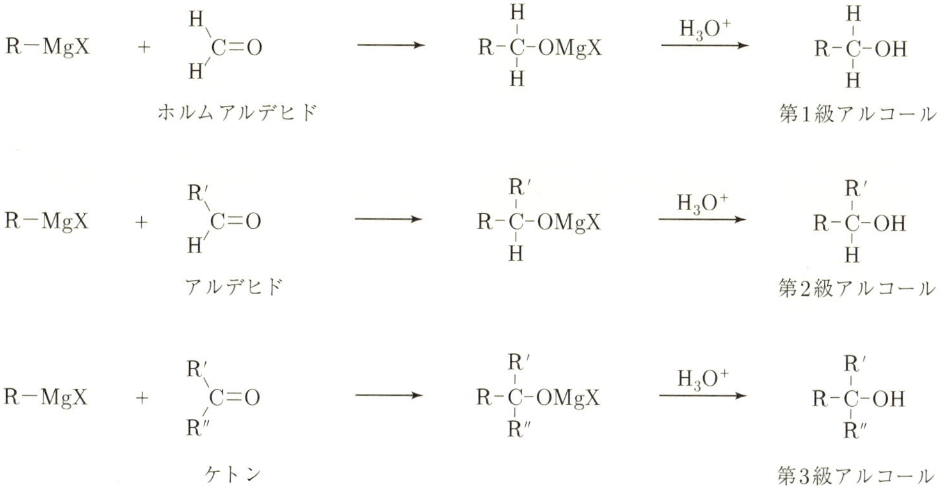

$$R-MgX + \underset{\text{ホルムアルデヒド}}{\overset{H}{\underset{H}{C}}=O} \longrightarrow R-\overset{H}{\underset{H}{C}}-OMgX \xrightarrow{H_3O^+} \underset{\text{第1級アルコール}}{R-\overset{H}{\underset{H}{C}}-OH}$$

$$R-MgX + \underset{\text{アルデヒド}}{\overset{R'}{\underset{H}{C}}=O} \longrightarrow R-\overset{R'}{\underset{H}{C}}-OMgX \xrightarrow{H_3O^+} \underset{\text{第2級アルコール}}{R-\overset{R'}{\underset{H}{C}}-OH}$$

$$R-MgX + \underset{\text{ケトン}}{\overset{R'}{\underset{R''}{C}}=O} \longrightarrow R-\overset{R'}{\underset{R''}{C}}-OMgX \xrightarrow{H_3O^+} \underset{\text{第3級アルコール}}{R-\overset{R'}{\underset{R''}{C}}-OH}$$

図 10.12　グリニャール試薬とカルボニル化合物の反応によるアルコールの生成

10.5.2　シアン化水素の付加：シアノヒドリンの生成

シアン化水素はアルデヒドやケトンのカルボニル基に可逆的に付加して，同一の炭素上にシアノ基とヒドロキシ基をもつ**シアノヒドリン** (cyanohydrin) を生成する (図 10.13)．

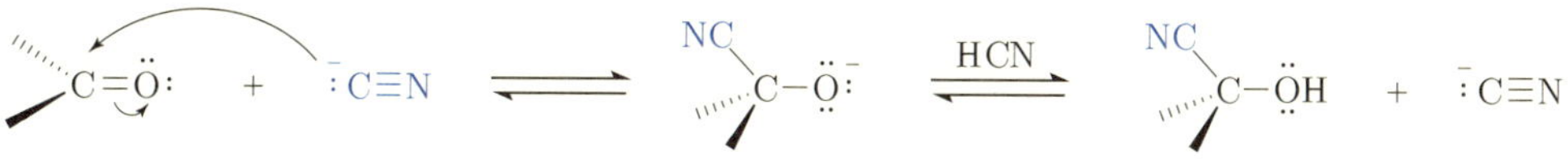

図 10.13　シアノヒドリンの生成

シアノヒドリンは合成化学上，大変有用な中間体である．例えば，ニトリル基 ($-C\equiv N$) は酸水溶液中で加熱すると，加水分解されてカルボン酸に変えることができる．

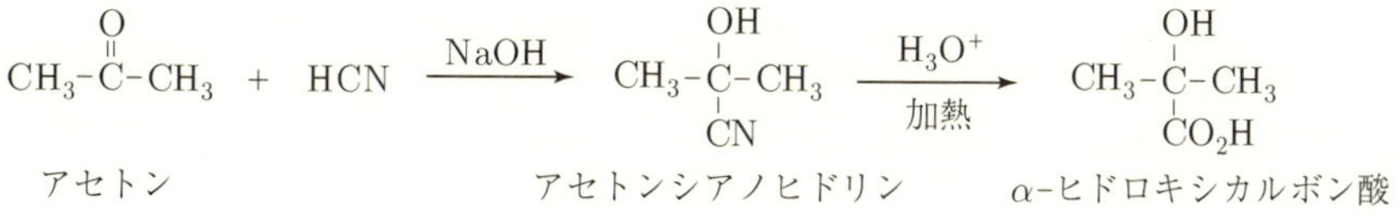

$$\underset{\text{アセトン}}{CH_3-\overset{O}{\overset{\|}{C}}-CH_3} + HCN \xrightarrow{NaOH} \underset{\text{アセトンシアノヒドリン}}{CH_3-\overset{OH}{\underset{CN}{C}}-CH_3} \xrightarrow[\text{加熱}]{H_3O^+} \underset{\alpha\text{-ヒドロキシカルボン酸}}{CH_3-\overset{OH}{\underset{CO_2H}{C}}-CH_3}$$

(10.1)

10.6　酸素求核剤による求核付加反応

10.6.1　水の付加：水和物の生成

水はアルデヒドやケトンに可逆的に付加し，その**水和物**(**ジェミナルジオール**，ジェミナル (geminal) は1つの原子に同種の原子が2つ結合したことを意味する) との間に平衡が成立する (図 10.14)．この水和反応は純水中では遅い

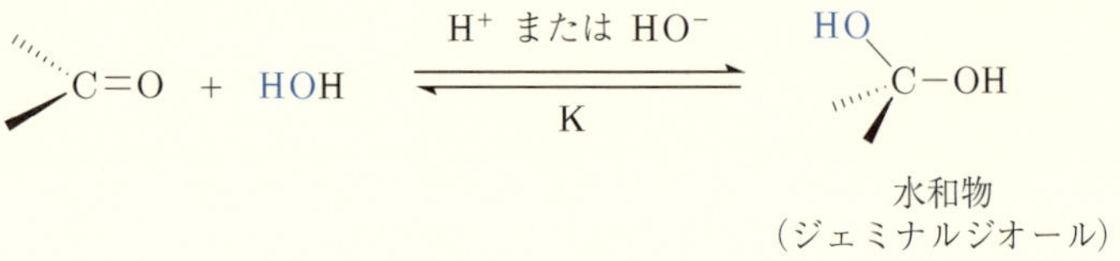

$$\diagdown\!\!\!\diagup\text{C}=\text{O} + \text{HOH} \underset{K}{\overset{\text{H}^+ \text{ または HO}^-}{\rightleftharpoons}} \text{HO}\!\!-\!\!\overset{|}{\underset{|}{\text{C}}}\!\!-\!\!\text{OH}$$

水和物
(ジェミナルジオール)

図 10.14　水和物の生成

が，酸または塩基のいずれによっても触媒作用を受け促進される．

　水和反応の平衡はケトンの場合では左に，ホルムアルデヒドや電子求引性基の置換基をカルボニル炭素にもつアルデヒドの場合では右に偏っている．通常のアルデヒドでは，平衡定数 (K) は 1 に近い．

10.6.2　アルコールの付加 ：ヘミアセタールおよびアセタールの生成

　アルコールも水と同じようにアルデヒドやケトンに可逆的に付加し，ヘミアセタール (hemiacetal, ヘミはギリシャ語で "半分" を意味する) を生成する．ヘミアセタールは同一の炭素上にアルコールとエーテルの 2 つの官能基をもっている (図 10.15)．

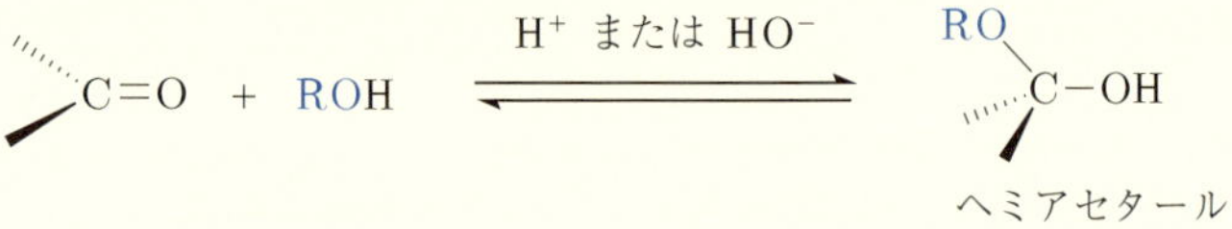

$$\diagdown\!\!\!\diagup\text{C}=\text{O} + \text{ROH} \overset{\text{H}^+ \text{ または HO}^-}{\rightleftharpoons} \text{RO}\!\!-\!\!\overset{|}{\underset{|}{\text{C}}}\!\!-\!\!\text{OH}$$

ヘミアセタール

図 10.15　ヘミアセタールの生成

　この反応も酸または塩基によって触媒作用を受けるが，ほとんどの鎖状のヘミアセタールは不安定で単離できない．一方，分子内の適切な位置にヒドロキシ基をもつアルデヒドでは分子内での付加反応が進行し，環状ヘミアセタールを生成する．一般に，5 員環あるいは 6 員環の環状ヘミアセタールは安定であり，単離が可能である．例えば，4-ヒドロキシブタナールは，おもに環状ヘミアセタールで存在する．身近な例では，糖の構造によくみられる．天然に存在する最も一般的な糖であるグルコースは，おもに環状ヘミアセタールで存在している (図 10.16)．

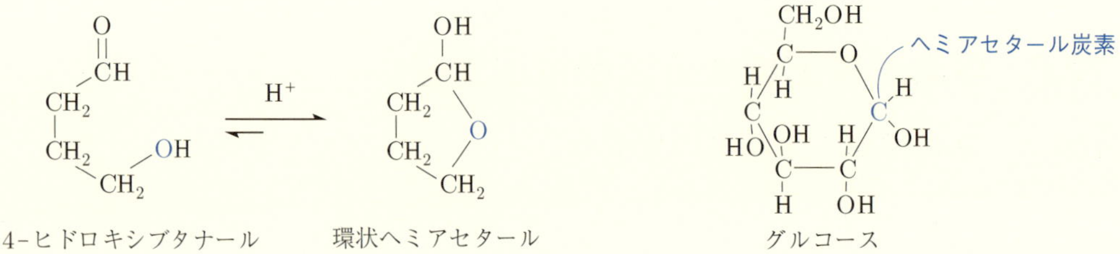

4-ヒドロキシブタナール　環状ヘミアセタール　グルコース

ヘミアセタール炭素

図 10.16　環状ヘミアセタールの生成

10.6 酸素求核剤による求核付加反応

過剰のアルコールが存在する場合，アルデヒドやケトンの酸触媒反応では，ヘミアセタールはさらに反応して**アセタール** (acetal) を生成する．アセタールはヘミアセタールのヒドロキシ基がもう1つのアルコキシル基で置き換えられたもので，同一の炭素上に2つのエーテル結合をもっている (図 10.17)．

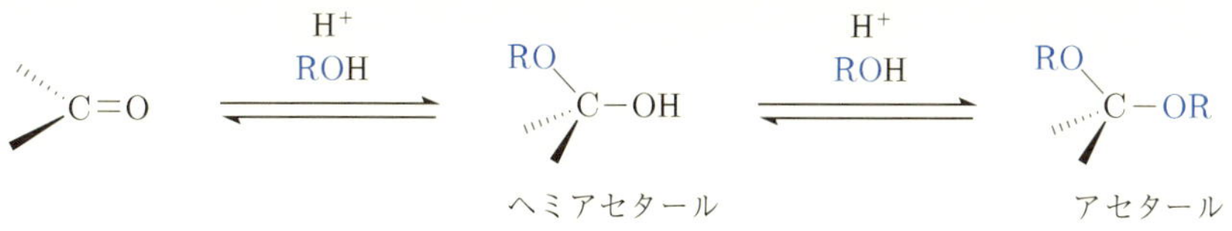

図 10.17 アセタールの生成

アルデヒドを例にして，酸触媒下でのアセタールの生成機構を詳しく述べる．まず，カルボニル酸素が矢印 ① のように酸触媒由来のプロトンと反応し，正に荷電されることでカルボニル基の求電子性が高まる．続いて，アルコール酸素の非共有電子対が矢印 ② のようにカルボニル炭素を求核攻撃すると，π結合が矢印 ③ のように酸素原子側に移動し，プロトン化されたヘミアセタールとなる．さらに，酸素上のプロトンが矢印 ④ のように脱離して，ヘミアセタールが生成する．次に，ヘミアセタールのヒドロキシが矢印 ⑤ のようにプロトンと反応することで脱離性が高まり，矢印 ⑥ のように脱水して炭素陽イオンを与える．この陽イオンは，オキソニウムイオン中間体として共鳴安定化されている．2つ目のアルコール分子が矢印 ⑦ のように求電子性の炭素を攻撃し，プロトン化されたアセタールを与える．最後に，プロトンが矢印 ⑧ のように脱離してアセタールが生成する (図 10.18)．

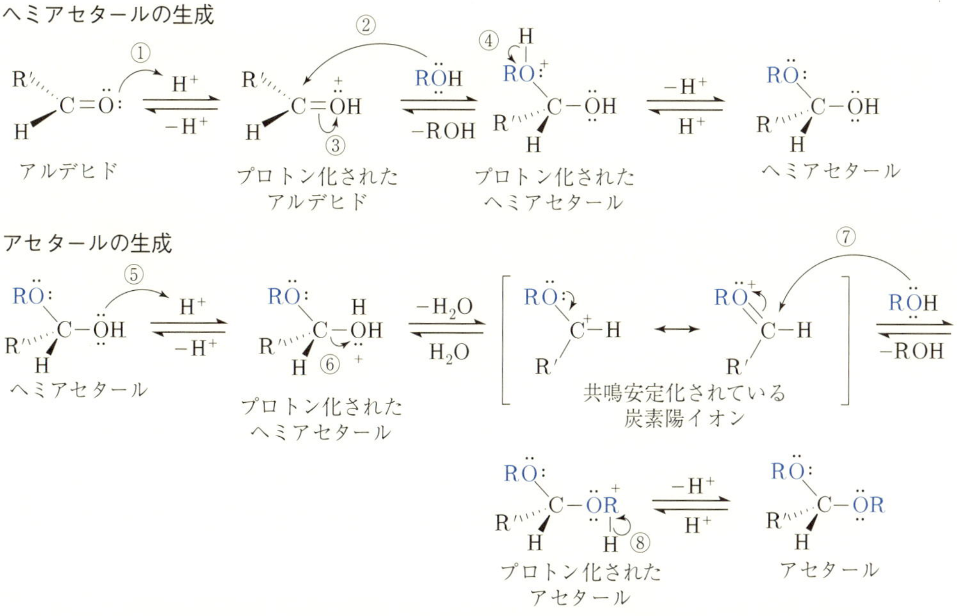

図 10.18 ヘミセタールとアセタールの生成機構

反応の各段階はすべて可逆反応であり，カルボニル化合物からのアセタールの生成は平衡反応である．この酸触媒による平衡反応は，大過剰のアルコールを用いたり，反応過程で生じる水を除くことで，アセタール側に偏らせることができる．これに対して，アセタールは酸性触媒下に過剰の水と処理すると，もとのアルデヒドとアルコールに加水分解される．これをアセタールの加水分解という．

アセタールはエーテルの性質はもっているが，カルボニル基の性質はもっていない．つまり，アセタールは塩基に対しては，通常のエーテルと同様に安定である．この化学的な性質を利用すると，塩基性条件下でアルデヒドやケトンが望ましくない反応を受ける場合，アセタールに変換することでカルボニル基を保護することができる．すなわち，アセタールはカルボニル基の保護基としても利用できる (図 10.19)．

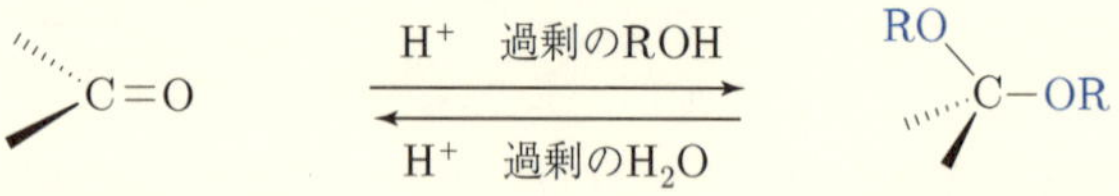

$$\mathrm{C=O} \xrightleftharpoons[\mathrm{H^+} \quad 過剰のH_2O]{\mathrm{H^+} \quad 過剰のROH} \mathrm{RO\text{-}C\text{-}OR}$$

アルデヒド，ケトン
RMgX, NaBH$_4$ などによる求核付加反応
塩基性条件でアルドール反応など

アセタール
RMgX, NaBH$_4$ などの求核剤と反応せず
塩基性条件下で安定

図 10.19　カルボニル基の保護基としてのアセタール

10.7　窒素求核剤による求核付加反応

10.7.1　アンモニアおよび第 1 級アミンの付加：イミンの生成

第 1 級アミンとアルデヒドやケトンの反応では可逆的に付加が進行し，水が脱離して炭素-窒素二重結合をもつイミン (imine) が生成する．形式的には，カルボニル基の酸素が窒素上の水素と水を生成し，窒素と置き換わる反応である (図 10.20)．

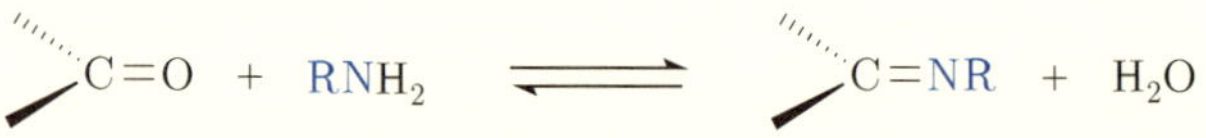

$$\mathrm{C=O} + \mathrm{RNH_2} \rightleftharpoons \mathrm{C=NR} + \mathrm{H_2O}$$

イミン

図 10.20　イミンの生成

アルデヒドと第 1 級アミンによるイミンの生成の際に水が脱離することから，この反応は pH4〜5 の弱酸性条件下で行うことが望ましい．イミンの生成では，まずアミンがアルデヒドに矢印 ① のように求核攻撃し，π 結合が矢印 ② のように酸素原子に移動する．次に，正に荷電した窒素原子上のプロトンは酸素原子上に移り，ヘミアミナール (hemiaminal) となる．酸素原子上で矢

印 ③ のようにプロトン化されたヘミアミナールから矢印 ④ および ⑤ のように脱水後，イミニウムイオン中間体から，さらに矢印 ⑥ のようにプロトンが脱離してイミンとなる (図 10.21).

アルデヒドやケトンをヒドロキシルアミンや 2,4-ジニトロフェニルヒドラジン，セミカルバジドと反応させると，結晶性がよく，明瞭な融点をもつイミン誘導体が生成する．液体のカルボニル化合物をこれらイミン誘導体に導くことで，カルボニル基の同定にも利用できる (表 10.1).

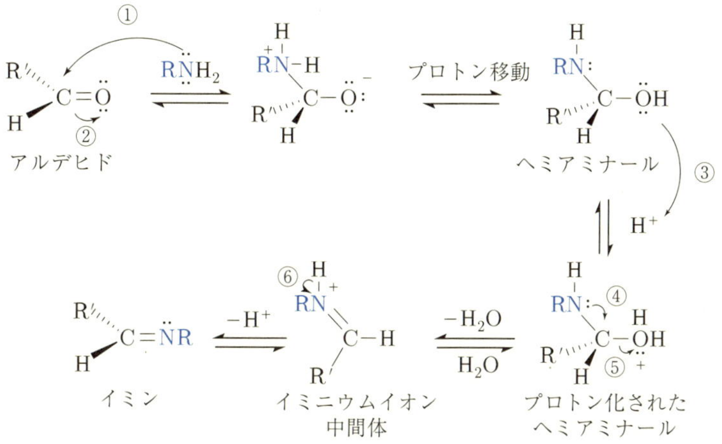

図 10.21 アルデヒドとアミンからイミンの生成機構

表 10.1 カルボニル化合物の窒素誘導体

アンモニア誘導体の構造	名称	イミン誘導体の構造	名称
NH_2OH	ヒドロキシルアミン	C=NOH	オキシム
NH_2NH_2	ヒドラジン	C=NNH_2	ヒドラゾン
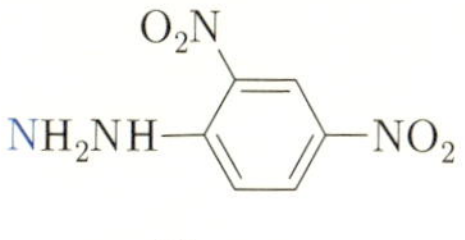 $NH_2NH\text{-}C_6H_3(NO_2)_2$ (2,4-ジニトロフェニル)	2,4-ジニトロフェニルヒドラジン	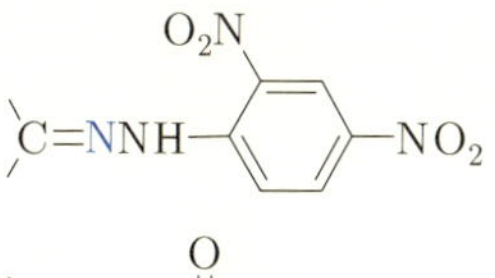 $\text{C=NNH-}C_6H_3(NO_2)_2$	2,4-ジニトロフェニルヒドラゾン
$NH_2NHCONH_2$	セミカルバジド	C=NNHCONH_2	セミカルバゾン

10.8 水素求核剤による求核付加反応
：カルボニル化合物の還元

　ヒドリドイオン（:H⁻）は，最も単純な構造の求核剤の1つである．カルボニル化合物の還元によく使われるヒドリドイオン等価体としては，水素化ホウ素ナトリウム（$NaBH_4$）と水素化アルミニウムリチウム（$LiAlH_4$）があげられる．

　ホウ素やアルミニウムのような金属と水素の結合は金属が正に，水素が負に分極している．金属と水素の電気陰性度の差で比較すると，アルミニウム-水素の方がホウ素-水素よりも非常に大きいことから，水素化アルミニウムリチウムの方が還元力が強い．水素化アルミニウムリチウムはアルデヒドやケトンばかりでなく，カルボン酸誘導体の還元にも適用できる．通常，アルデヒドやケトンの還元には，安全で取扱いが容易な水素化ホウ素ナトリウムが用いられる（図 10.22）．

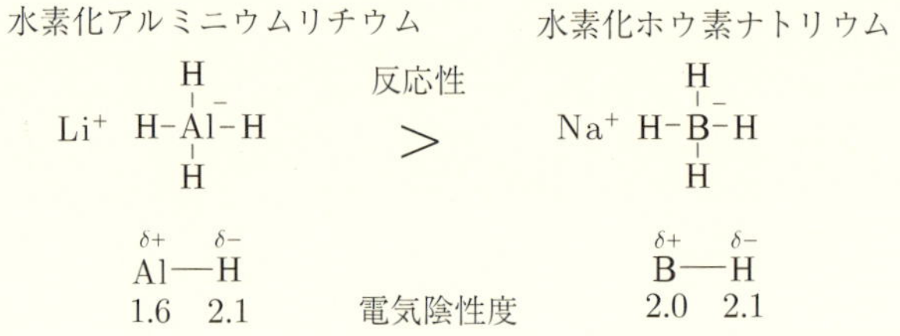

図 10.22 水素化アルミニュウムリチウムと水素化ホウ素ナトリウム

　水素化ホウ素ナトリウムは穏やかな還元剤で，メタノールのようなプロトン性溶媒中でカルボニル化合物の還元反応が行える．カルボニル化合物に水素化ホウ素ナトリウムを作用させると，ヒドリドイオンが矢印①のように炭素に求核付加し，押し出されたπ電子は矢印②のように酸素上でプロトンを捕捉する．このとき，生成するメトキシ水素化ホウ素ナトリウムは，さらにカルボニル化合物を還元することができる．理論的には，1当量の水素化ホウ素ナトリウムで4当量のカルボニル化合物の還元が可能となる（図 10.23）．

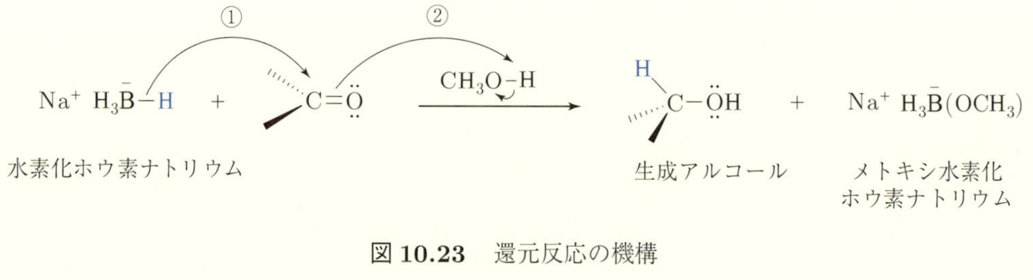

図 10.23 還元反応の機構

水素化ホウ素ナトリウムや水素化アルミニウムリチウムによるカルボニル化合物の還元反応は，アルコールの合成には非常に有用な反応である．アルデヒドの還元では第1級アルコールが生成し，ケトンでは第2級アルコールが得られる (図10.24).

図10.24 アルデヒドとケトンの還元

10.9 合成法

カルボニル化合物の合成法としては，第1級および第2級アルコールの酸化による方法，アルケンのオゾン酸化と還元的な処理による方法，カルボン酸誘導体の部分還元による方法，末端アルキンの加水分解による方法などがあげられる．ここでは，アルコールの酸化による合成法を説明する．

10.9.1 アルデヒドの合成法

第1級アルコールを酸化するとアルデヒドが得られ，さらに酸化するとカルボン酸になる．アルデヒドは酸化を受けやすいので，第1級アルコールの酸化をアルデヒドの段階で停止する必要がある．穏和な酸化剤であるクロロクロム酸ピリジニウム (PCC) を用いると，アルデヒドで反応が止まる (図10.25).

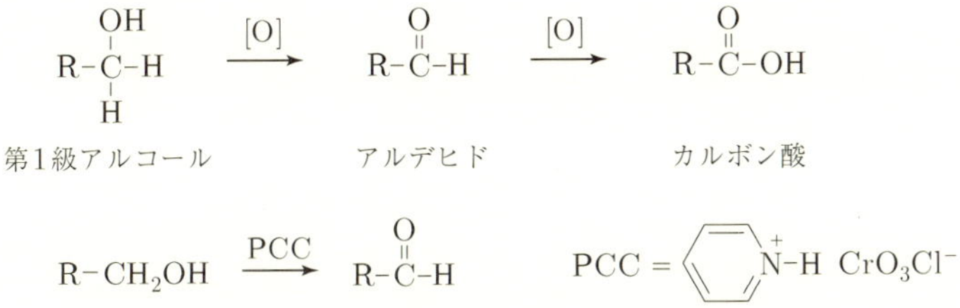

図10.25 第1級アルコールの酸化

10.9.2 ケトンの合成法

第2級アルコールを無水クロム酸 (CrO_3) の希硫酸溶液 (ジョーンズ (Jones) 試薬) で酸化すると，ケトンが得られる (図10.26). この反応では，クロムは Cr^{6+} から Cr^{3+} に還元され，それに伴い反応溶液が橙色から緑色に変わるので反応の終点が容易にわかる．

図 10.26　第 2 級アルコールの酸化

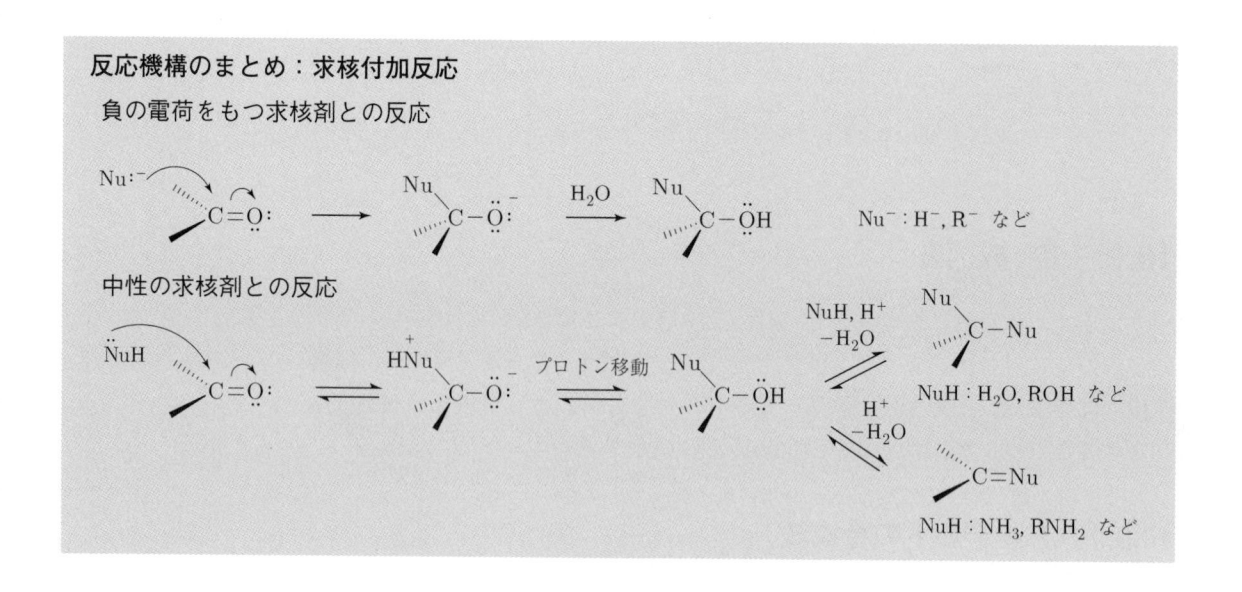

反応機構のまとめ：求核付加反応

負の電荷をもつ求核剤との反応

Nu^-：H^-，R^- など

中性の求核剤との反応

プロトン移動

NuH：H_2O，ROH など

NuH：NH_3，RNH_2 など

章末問題 10

10.1 アセトアルデヒドを，次の試薬と反応させたときに得られる生成物の構造式を示せ．
(1) 臭化メチルマグネシウム (CH_3MgBr)，次いで H_3O^+
(2) 水素化ホウ素ナトリウム ($NaBH_4$)
(3) ヒドロキシルアミン (NH_2OH)
(4) 過剰のメタノールと HCl ガス
(5) シアン化水素 (HCN)

10.2 ホルムアルデヒドと塩化フェニルマグネシウムとの反応後，水で処理すると，ベンジルアルコールが生成する．この反応の反応機構を示せ．

10.3 アセトアルデヒドからエチルメチルケトンを合成する方法を示せ．

10.4 次の化合物を，水素化ホウ素ナトリウムで還元したときに得られる生成物の構造式を示せ．
(1) ベンズアルデヒド
(2) 2-ブタノン
(3) シクロヘキサノン
(4) アセトフェノン ($CH_3COC_6H_5$)

11

カルボン酸

カルボン酸は，カルボキシ基 (–COOH または –CO$_2$H) を官能基としてもつ代表的な酸性の有機化合物である．自然界には数多くのカルボン酸が存在しており，人々の日常生活にも深くかかわっている．例えば，酢酸は食用酢の主成分であり，オレイン酸は植物油の構成成分として食生活に役立っている．乳酸は激しい運動のときに筋肉細胞の中で生じて，筋肉疲労の原因になる物質である．また，プロスタグランジン F$_{2\alpha}$ は医薬品として用いられている (図 11.1).

CH$_3$COOH

酢酸
acetic acid

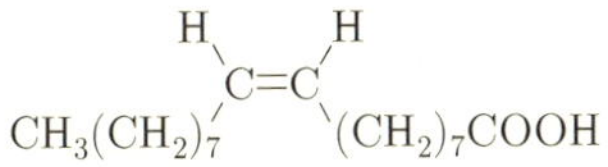

CH$_3$(CH$_2$)$_7$ $\overset{H}{\underset{}{C}}$=$\overset{H}{\underset{}{C}}$ (CH$_2$)$_7$COOH

オレイン酸
oleic acid

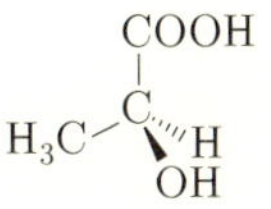

COOH
H$_3$C—C—H
    OH

(S)-(+)-乳酸
(S)-(+)-lactic acid

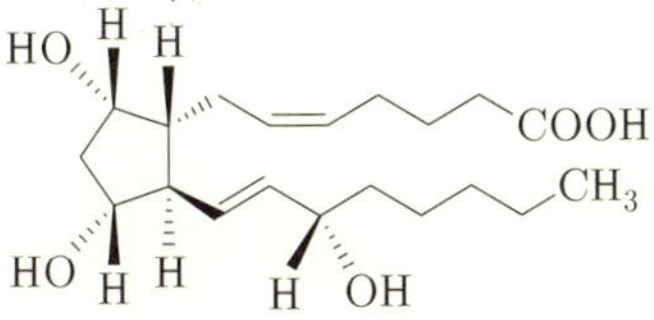

プロスタグランジン F$_{2\alpha}$
prostaglandin F$_{2\alpha}$

図 11.1　自然界に存在する代表的なカルボン酸

11.1　カルボン酸の構造と命名法

カルボキシ基は，カルボニル基とヒドロキシ基が結合した構造をもち，カルボニル基の炭素原子は **sp^2 混成軌道**である．したがって，カルボニル炭素と 2 つの酸素原子 (O=C–O) がほぼ平面上にあり，それぞれの結合角は約 120° である．炭素-酸素の二重結合は，エテン (エチレン) と同様に，**σ 結合**と **π 結合**の 2 種類の共有結合からなっている (図 11.2).

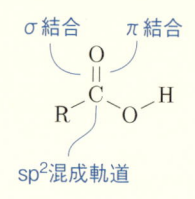

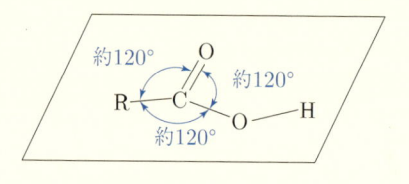

図 11.2 カルボキシ基の構造

　IUPAC命名法では，鎖状構造のカルボン酸はカルボキシ基を含む最も長い炭素鎖を選んで，相当する炭化水素の名称の語尾を変化させて命名する．アルカンの場合は，–an**e**の末尾 e を **–oic acid** に変えるとカルボン酸の名称になる．位置番号は，カルボキシ基の炭素原子を 1 とする．環状構造にカルボキシ基が結合しているカルボン酸の場合は，環状構造の母体炭化水素の名称の後に **–carboxylic acid** をつけて命名する．位置番号は，カルボキシ基が結合した炭素原子を 1 とする (図 11.3)．また，カルボン酸では，表 11.1 に示すような多くの慣用名が使われている．

表 11.1 カルボン酸の慣用名

構造式		慣用名	構造式	慣用名
脂肪族カルボン酸			不飽和ジカルボン酸	
HCOOH	ギ酸	formic acid	(trans HOOC-CH=CH-COOH)	フマル酸　fumaric acid
CH_3COOH	酢酸	acetic acid		
CH_3CH_2COOH	プロピオン酸	propionic acid	(cis HOOC-CH=CH-COOH)	マレイン酸　maleic acid
$CH_3(CH_2)_2COOH$	酪酸	butyric acid		
$CH_3(CH_2)_3COOH$	吉草酸	valeric acid		
$CH_3(CH_2)_4COOH$	カプロン酸	caproic acid	芳香族カルボン酸	
			C_6H_5COOH	安息香酸　benzoic acid
脂肪族ジカルボン酸				
HOOC-COOH	シュウ酸	oxalic acid	o-$C_6H_4(COOH)_2$	フタル酸　phthalic acid
HOOC-CH_2-COOH	マロン酸	malonic acid		
HOOC-$(CH_2)_2$-COOH	コハク酸	succinic acid	p-$C_6H_4(COOH)_2$	テレフタル酸　terephthalic acid
HOOC-$(CH_2)_3$-COOH	グルタル酸	glutaric acid		
HOOC-$(CH_2)_4$-COOH	アジピン酸	adipic acid		

$\overset{6}{CH_3}CH_2CH_2CH_2CH_2\overset{1}{COOH}$
ヘキサン酸
hexanoic acid

$\overset{5}{CH_3}CH_2\overset{3}{C}H\overset{}{C}H_2\overset{1}{COOH}$
（3位に CH_3）
3-メチルペンタン酸
3-methylpentanoic acid

シクロヘキサンカルボキシ酸
cyclohexanecarboxylic acid

4-クロロシクロヘプタンカルボン酸
4-chlorocycloheptanecarboxylic acid

図 11.3 カルボン酸の命名

11.2 カルボン酸の性質

カルボキシ基は分極した構造で極性をもっており，水素結合をつくることができる．図 11.4 のように，この水素結合は，カルボニル基の酸素原子ともう 1 つのカルボン酸分子のヒドロキシ基の水素原子の間で引力として働き，2 つのカルボン酸分子は 2 か所の水素結合で 2 量体の形で存在している．そのため，カルボン酸の沸点は，分子量がほぼ同じであるアルコールと比較してかなり高くなっている．例えば，酢酸と propan-1-ol は，いずれも分子量は 60 で等しいが，酢酸 (沸点 118°C) は propan-1-ol (沸点 97°C) よりも，21°C も高い沸点を示す．水素結合は，タンパク質や核酸の立体構造でも重要な役割を果たしている．

カルボン酸分子の 2 量体

CH_3COOH
酢酸
分子量 60，沸点 118°C

$CH_3CH_2CH_2OH$
propan-1-ol
分子量 60，沸点 97°C

図 11.4 カルボン酸の 2 量体構造と沸点

カルボン酸は酸性の性質をもち，カルボキシ基が水素原子をプロトン (H^+) として放出すると，カルボン酸陰イオン (カルボキシラートアニオン) を生成する．アルコールもヒドロキシ基をもっており酸性を示すが，酢酸とエタノールの pK_a 値の比較からも明らかなように，カルボン酸の方がはるかに強い酸である (図 11.5)．

その理由を考えるためには，9 章の酸塩基平衡の考え方が基本となり，共役塩基であるカルボン酸陰イオンとアルコキシドイオンに着目する．図 11.6 のように，両者を比較すると，カルボン酸陰イオンでは，共鳴効果による安定化があり，そのためプロトンを放出する右向きの反応が起こりやすくなっている．一方，アルコキシドイオンでは，そのような共鳴効果による安定化が起こらないため，右向きの反応はより起こりにくくなっている．カルボン酸陰イオ

$$R-\overset{\overset{O}{\|}}{C}-O-H + H_2O \rightleftarrows R-\overset{\overset{O}{\|}}{C}-O^- + H_3O^+$$

カルボン酸　　　　　　　　　カルボン酸陰イオン
(酸)　　　　　　　　　　　　(共役塩基)

$$R-CH_2-O-H + H_2O \rightleftarrows R-CH_2-O^- + H_3O^+$$

アルコール　　　　　　　　　アルコキシドイオン
(酸)　　　　　　　　　　　　(共役塩基)

$$CH_3COOH > CH_3CH_2OH$$

酢酸($pK_a=4.8$)　　　エタノール($pK_a=16.0$)

図11.5 酸性の強さの比較

$$R-\overset{\overset{O}{\|}}{C}-O^- > R-CH_2-O^-$$

カルボン酸陰イオン　　　　　アルコキシドイオン
(共鳴による安定化あり)　　　(共鳴による安定化なし)

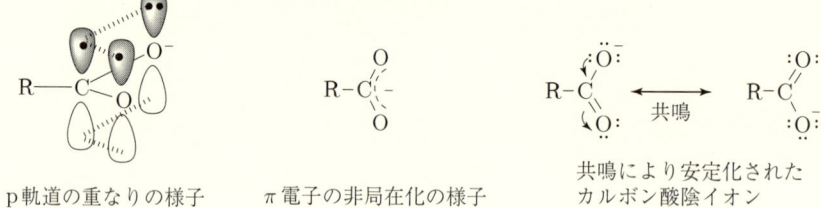

安定性の比較

p軌道の重なりの様子　　π電子の非局在化の様子　　共鳴により安定化された
　　　　　　　　　　　　　　　　　　　　　　　　　カルボン酸陰イオン

図11.6 共鳴によるカルボン酸陰イオンの安定化

ンのO-C-O間でπ電子が動き回り，非局在化して安定化する様子を，両矢印($\longleftrightarrow$)を用いて示すのが共鳴の考え方である．

また，カルボン酸の酸性度は，置換基の影響を受けて変化する．図11.7のように，例えば，酢酸に塩素置換基が入ると酸性度は高くなる．塩素原子は電気陰性度が3.0で炭素原子の2.5よりも大きく，C–Cl結合では塩素原子の方が電子を引きつけている．これを電子求引性の誘起効果という．塩素置換基の数が増すに従って，酢酸より強い酸に変化するのは，カルボン酸陰イオンが塩素原子の誘起効果により安定化するため，よりH^+を放出しやすくなっているためである．

このように共鳴効果と誘起効果は，有機化合物の性質や反応を理解するために基本となる重要な理論である．

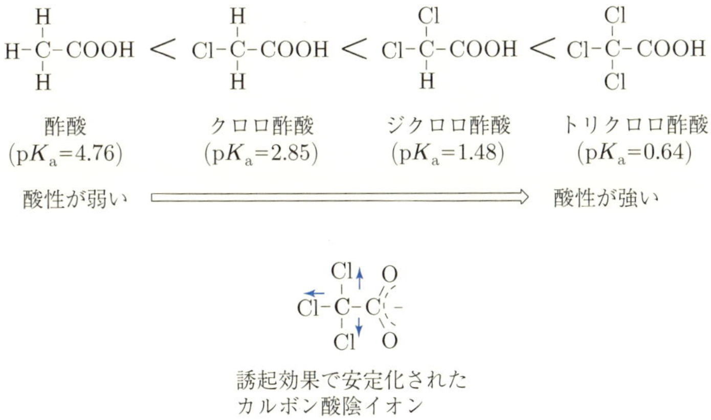

酢酸 (pK_a=4.76) < クロロ酢酸 (pK_a=2.85) < ジクロロ酢酸 (pK_a=1.48) < トリクロロ酢酸 (pK_a=0.64)

酸性が弱い ⟹ 酸性が強い

誘起効果で安定化された
カルボン酸陰イオン

図 11.7 カルボン酸の酸性度に対する置換基の影響

11.3 カルボン酸の合成

図 11.8 のように，第 1 級アルコールやアルデヒドを酸化すると，カルボン酸が得られる (7, 10 章参照)．また，ベンゼンのような芳香環に結合したアルキル基も，酸化反応によりカルボキシ基に変換される．酸化剤として過マンガン酸カリウム $KMnO_4$ などが用いられるが，この場合には芳香環に結合した炭素の C–H 結合が酸化されている．

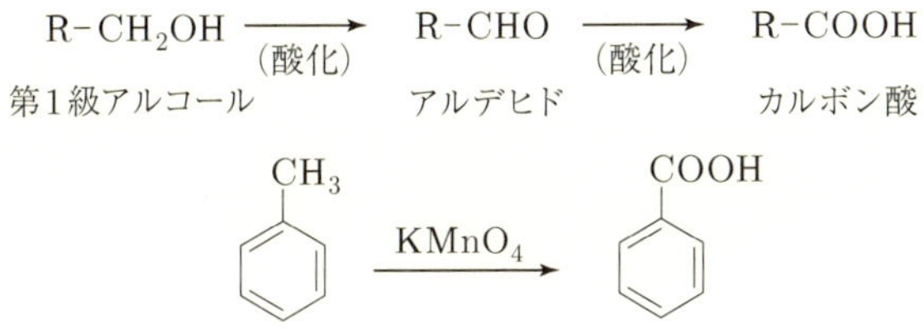

R–CH$_2$OH —(酸化)→ R–CHO —(酸化)→ R–COOH
第 1 級アルコール　　　　アルデヒド　　　　カルボン酸

C$_6$H$_5$–CH$_3$ —($KMnO_4$)→ C$_6$H$_5$–COOH

図 11.8 カルボン酸の合成法 (1)

ハロゲン化アルキル R–X を原料として，カルボキシ基の部分を二酸化炭素やシアン化物からつくる方法もある．図 11.9 のように，R–X を金属マグネシウムと反応させてグリニャール試薬とした後，二酸化炭素と反応させると，炭素数が 1 つ増えたカルボン酸 R–COOH が得られる．また，R–X をシアン化カリウム KCN と反応させてニトリル R–CN に変換して，さらに加水分解反応を行うと，カルボン酸 R–COOH を合成することができる．反応式中に下線で示したように，これらの反応では，二酸化炭素やシアン化物の無機化合物の炭素原子が有機化合物中に組み込まれて，カルボキシ基をつくっている．

下線をつけた炭素原子がどのように新しい炭素-炭素結合を生成するのかを，電子の動きで示せることは重要である．グリニャール試薬の炭素原子は

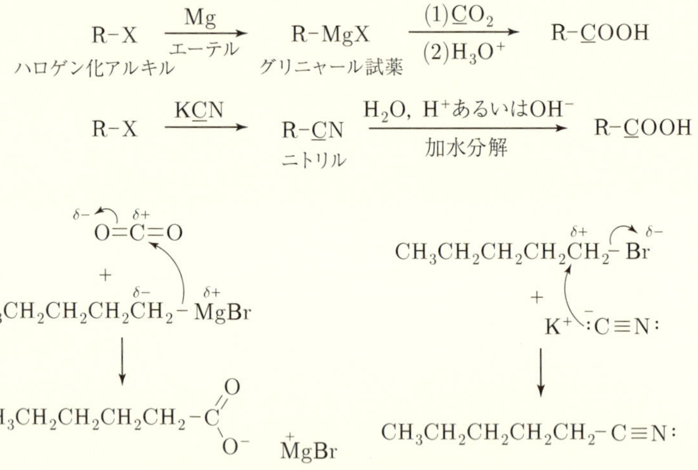

$$R-X \xrightarrow[\text{エーテル}]{Mg} R-MgX \xrightarrow[(2) H_3O^+]{(1) CO_2} R-\underline{C}OOH$$
ハロゲン化アルキル　　グリニャール試薬

$$R-X \xrightarrow{K\underline{C}N} R-\underline{C}N \xrightarrow[\text{加水分解}]{H_2O,\ H^+ \text{あるいは} OH^-} R-\underline{C}OOH$$
　　　　　　　　　　　ニトリル

図 11.9　カルボン酸の合成法 (2)

$\delta-$ の性質であり，二酸化炭素の $\delta+$ の炭素原子に電子対をもって移動して結合をつくっている．一方，R–CN では，負電荷をもつシアン化物イオン ($\bar{:}CN$) の炭素原子の非共有電子対が，R–X の $\delta+$ の炭素原子を攻撃して新しい結合が生成している．電子の移動を考えながら，それを矢印で示して結合の生成や切断を説明することは，有機化学反応の理解にとって最も大切な学習である．

11.4　カルボン酸の反応

　酸性化合物であるカルボン酸は塩基と反応して，カルボン酸塩を生成する．例えば，安息香酸は水酸化ナトリウムや炭酸水素ナトリウムと反応して，安息香酸ナトリウムとなる．エーテルのような有機溶媒によく溶けるカルボン酸をカルボン酸塩にすると，一般的に水溶性が増すため，この溶解度の変化を利用してカルボン酸化合物の抽出分離を行うことができる．また，長鎖のアルキル基を有するカルボン酸の塩，例えばパルミチン酸ナトリウムは，石けんとして用いられている (図 11.10)．

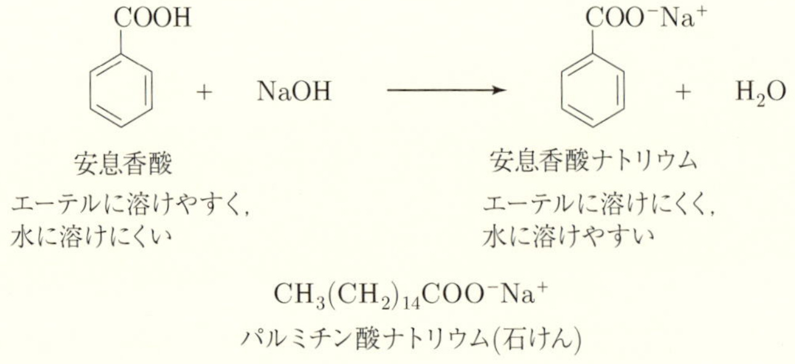

安息香酸　　　　　　　　　　　　安息香酸ナトリウム
エーテルに溶けやすく，　　　　　エーテルに溶けにくく，
水に溶けにくい　　　　　　　　　水に溶けやすい

$CH_3(CH_2)_{14}COO^-Na^+$
パルミチン酸ナトリウム(石けん)

図 11.10　カルボン酸のナトリウム塩の性質

11.4 カルボン酸の反応

カルボン酸はアルコールと反応して，エステルを生成する．この反応は，硫酸のような酸，すなわち H^+ を放出する物質が触媒として必要である．高校で習うこの反応は，一見，カルボン酸とアルコールの間で脱水が起こる単純な反応式で示されるが，反応の道すじ (反応機構) は結構複雑である (図 11.11)．電子の動きで新しい共有結合ができる過程と，切断される過程を理解することが重要である．

まず，第 1 段階は，カルボニル酸素原子と H^+ との間での結合が生成する．このとき，酸素原子上の非共有電子対が使われることを矢印 ① は示している．第 2 段階では，アルコールの酸素原子とカルボキシ基の炭素原子との間で結合が生成する．矢印 ② はアルコールの酸素原子上の非共有電子対が移動して新しい結合をつくることを，矢印 ③ はそれに伴ってカルボニル基の炭素-酸素二重結合のうちの π 結合をつくる電子対が酸素原子上に移動することを示している．第 3 段階は，分子内プロトン移動とよばれる過程で，破線の丸で囲った水素原子が H^+ の形で同じ分子の中の，ほかの酸素原子に移動している．最後の第 4 段階では，矢印 ④ と ⑤ で示す電子の移動が続いて起こり，エステルが生成物として得られる．H^+ はまた反応の最初の第 1 段階で使われるので，触媒として働いていることになる．矢印 ① から ⑤ で示した電子の流れによる結合の生成と切断は，これから学ぶいろいろな有機化合物の反応の中でも頻繁にみられるものであり，ここでの基礎的な理解が今後の勉強で役立つことになる．

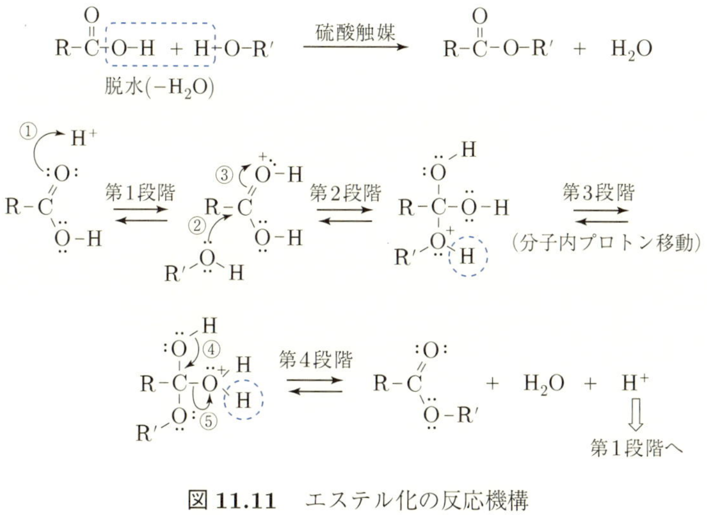

図 11.11 エステル化の反応機構

章末問題 11

11.1 IUPAC 命名法に従って，次のカルボン酸の名前を英語で書け．

(1)

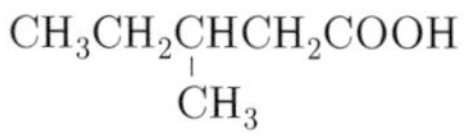

(2)

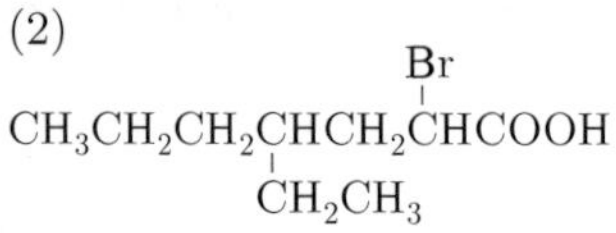

(3)

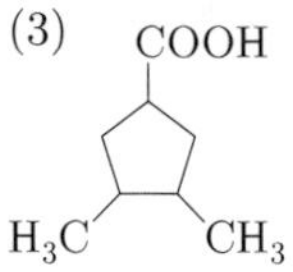

11.2 次のカルボン酸を酸性の強い順に並べて，その理由を説明せよ．

ICH_2COOH $ClCH_2COOH$ FCH_2COOH

11.3 1-bromobutane から pentanoic acid を合成せよ．ただし，金属マグネシウムまたはシアン化カリウムを用いること．

11.4 butanoic acid と methanol から硫酸を触媒としてエステル化反応を行うと，ブタン酸メチル (methyl butanoate) が得られる．この物質は，果実のようなよい香りがするエステルである．この反応の進み方を，電子の移動を示した矢印を使って記せ．

12 カルボン酸誘導体

酸ハロゲン化物，酸無水物，エステル，アミドは**カルボン酸誘導体**とよばれ，いずれもカルボン酸のカルボキシ基のヒドロキシ基の部分が，ほかの官能基で置き換わった構造をもつ．RCO− 部分は**アシル基** (acyl group) といい，特に R がメチル基である CH_3CO- は**アセチル基** (acetyl group) という名称が広く用いられている (図 12.1)．

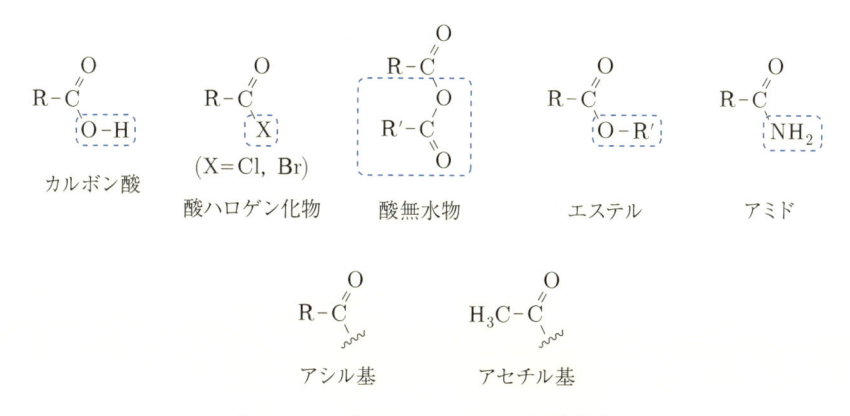

図 12.1 代表的なカルボン酸誘導体

12.1 カルボン酸誘導体の構造と命名法

IUPAC 命名法では，**カルボン酸誘導体**の名称は，もとのカルボン酸の名称を規則に従って変化させてつける．**酸ハロゲン化物**の場合は，カルボン酸のアシル基部分の名称の後に，ハロゲン化物の名称 (chloride, bromide など) をつける．アシル基の部分はカルボン酸名の –ic acid または –oic acid を，**–yl** または **–oyl** に変化させる．–carboxylic acid の場合は，–carbonyl となる (図 12.2)．

酸無水物の名称は，カルボン酸名の接尾語 acid を **anhydride** に変化させる (図 12.3)．

塩化アセチル
acetyl chloride

塩化ベンゾイル
benzoyl chloride

臭化シクロヘキサンカルボニル
cyclohexanecarbonyl bromide

図 12.2　酸ハロゲン化物の命名

無水酢酸
acetic anhydride

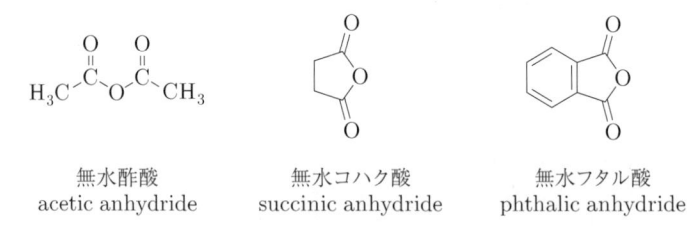

無水コハク酸
succinic anhydride

無水フタル酸
phthalic anhydride

図 12.3　酸無水物の命名

　エステルは，その構造をカルボン酸部分とアルコール部分に分けて考え，それぞれの名称を組み合わせて命名する．アルコール部分のアルキル名 –yl の後にスペースを空けて，次にカルボン酸名の接尾語 –ic acid を –ate に変化させる (図 12.4).

酢酸エチル
ethyl acetate

シクロヘキサンカルボン酸メチル
methyl cyclohexanecarboxylate

フタル酸ジメチル
dimethyl phthalate

図 12.4　エステルの命名

　アミドは，カルボン酸名の接尾語 –ic acid または –oic acid を –amide に変化させる．または，カルボン酸名の接尾語 –carboxylic acid を –carboxamide に変化させて命名する (図 12.5).

ホルムアミド
formamide

ブタンアミド
butanamide

シクロプロパンカルボキサミド
cyclopropanecarboxamide

図 12.5　アミドの命名

12.2　カルボン酸誘導体の合成と反応

　酸塩化物，酸無水物，エステル，アミドを合成する方法は数多くあるが，ここではカルボン酸誘導体の代表的な反応である求核アシル置換の基本形式を学んだ後，具体的なカルボン酸誘導体のいくつかの反応について説明する．

　図 12.6 のように，求核アシル置換反応は，まず求核試薬 : Nu⁻ がカルボン酸誘導体のカルボニル基に付加し，次に中間体から L 部分が脱離する 2 段階で起こる．まず，求核試薬がその非共有電子対を用いてカルボニル基の δ+ の炭素原子と結合をつくり，それに伴って C=O 二重結合のうちの π 結合の 2 つの電子が，酸素原子上に移動する．酸素原子は余分に電子をもつことになり，マイナスの形式電荷を帯びる．次に，酸素原子上の電子対が炭素–酸素結合の間に流れ込み再び二重結合になると，L が電子対をもって : L⁻ として脱離する．結局，L 部分が Nu に置き換わった別のカルボン酸誘導体が得られる．この形式の反応により，図 12.7 に示した矢印の方向にカルボン酸誘導体を変換することができる．

図 12.6　求核アシル置換反応と電子の動き

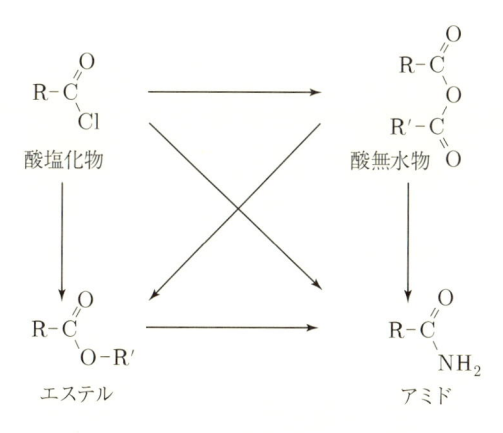

図 12.7　カルボン酸誘導体の変換反応

カルボン酸とアルコールからエステルを生成する反応も，カルボキシ基のヒドロキシ基部分が求核試薬のアルコール部分 R'O– と置き換わっており (11 章参照)，ここで述べる求核アシル置換反応の範疇に入る．

12.2.1　酸塩化物

酸塩化物は，カルボン酸を塩化チオニル $SOCl_2$ と反応させて合成する．酸塩化物から，アルコールを求核試薬として用いればエステルを，アミンを求核試薬として用いればアミドを合成することができる．

塩化ベンゾイルとエタノールからエステルを合成する場合は，反応が進むと図 12.8 のように，H^+ と Cl^- から塩化水素が発生する．この反応の実験ではピリジンのような塩基が必要であり，ピリジンは塩化水素を中和する役目を果たしている．アミンの反応の場合は，アミンを 2 モル当量以上用いると，求核試薬と塩基の両方の作用をする．

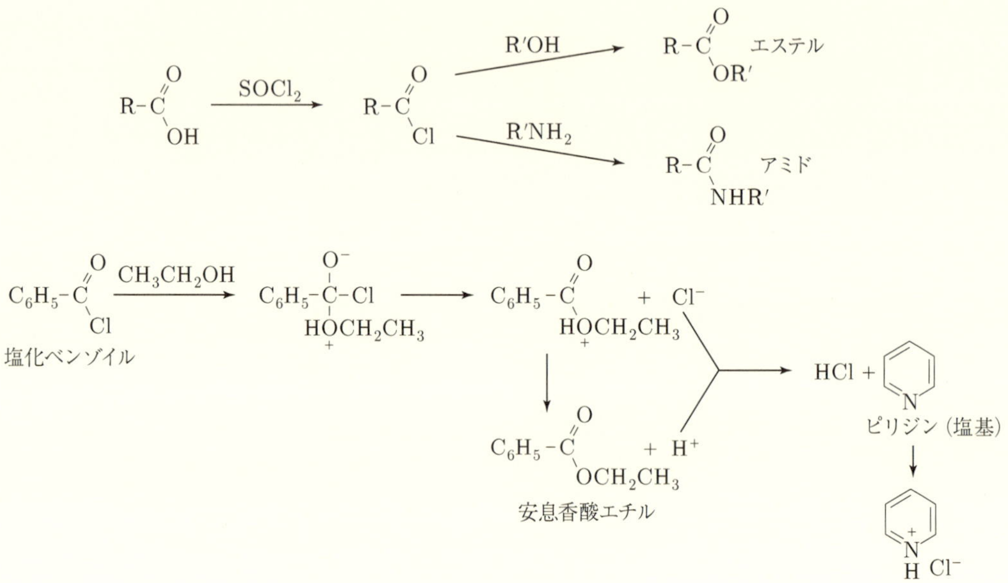

図 12.8　酸塩化物の合成と反応

酸塩化物に水が求核試薬として作用する求核アシル置換反応は加水分解であり，対応するカルボン酸に変化する．この反応は，空気中の湿気程度の水分でもゆっくり起こることから，酸塩化物は求核アシル置換反応の反応性が高いといえる．一方，エステルは水と混ぜて反応させるだけでは，酸塩化物のような加水分解は起こらない．

酸塩化物とエステルの加水分解の反応性を比較してもわかるように，この求核アシル置換反応の反応性は，カルボン酸誘導体によって差があり，酸ハロゲン化物＞酸無水物＞エステル＞アミドの傾向がある (図 12.9)．

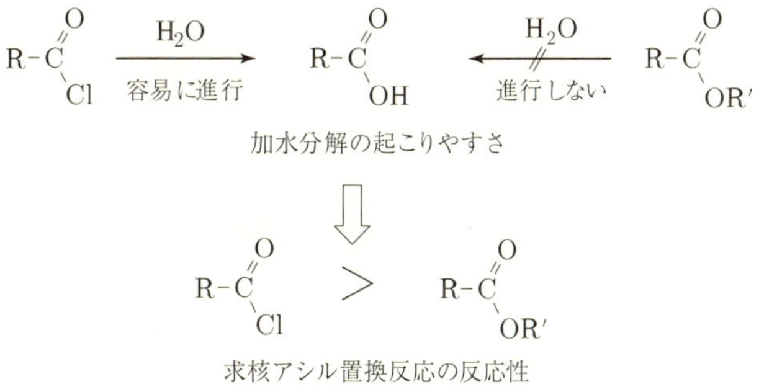

図 12.9　カルボン酸誘導体の反応性の違い

12.2.2　酸無水物

酸塩化物に対して，カルボン酸陰イオンを求核試薬として用いて求核アシル置換反応を行うと，種々の酸無水物を合成することができる (図 12.10)．また，2つのカルボキシ基から脱水反応を行う方法もある．

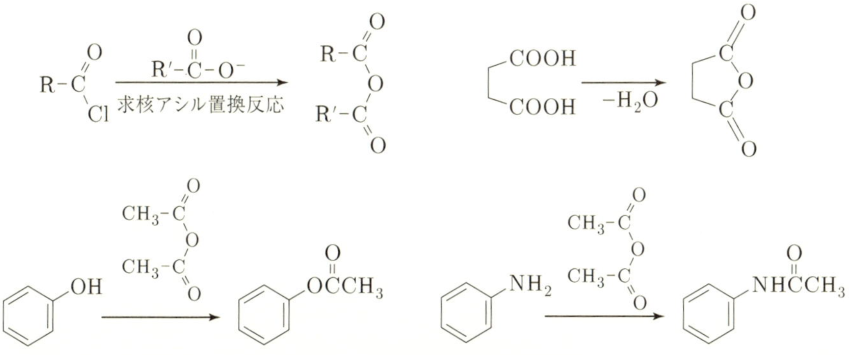

図 12.10　酸無水物の合成と反応

酸無水物も酸塩化物と同様に求核アシル置換反応によって，エステルやアミドを生成する．例えば，フェノールを無水酢酸で処理するとエステル (phenyl acetate) が得られ，アニリンを無水酢酸で処理するとアセトアニリド (acetanilide) が得られる．いずれも酢酸陰イオンが脱離基となっている．これらの反応はアセチル化とよばれ，ヒドロキシ基やアミノ基の官能基としての性質を少し変えるために行われる．

12.2.3　エステル

エステルの合成では，カルボン酸あるいは酸塩化物を原料に用いる方法について，すでに述べた．

エステルの反応については，酸性あるいは塩基性の条件での加水分解についてまず述べる (図 12.11)．酸性条件でのエステルの加水分解反応は，前述のカ

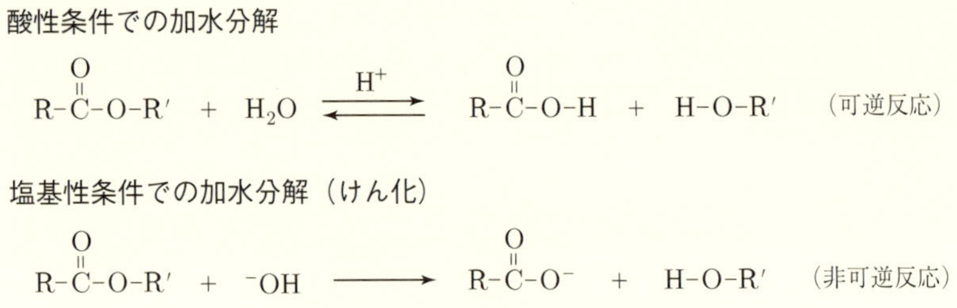

酸性条件での加水分解

$$\text{R-CO-O-R'} + H_2O \underset{}{\overset{H^+}{\rightleftarrows}} \text{R-CO-O-H} + \text{H-O-R'} \quad (可逆反応)$$

塩基性条件での加水分解（けん化）

$$\text{R-CO-O-R'} + {}^-\text{OH} \longrightarrow \text{R-CO-O}^- + \text{H-O-R'} \quad (非可逆反応)$$

図 **12.11** エステルの加水分解

ルボン酸とアルコールからエステルを合成する反応の逆の反応である．酸触媒を用いるエステル化反応の各段階がそれぞれの矢印で示されているように，いずれも可逆過程で平衡反応であるため，加水分解の反応の経路は，エステルと水を出発物質として逆に記述することになる (11 章参照)．

一方，塩基性条件でのエステルの加水分解反応は，塩基の水酸化物イオンが求核試薬として働く求核アシル置換反応である．けん化ともよばれるこの反応では，カルボン酸とアルコキシドイオンが生成するが，これらは酸塩基反応によりカルボン酸陰イオンとアルコールに変化するため反応全体としては非可逆過程となる (図 12.12)．

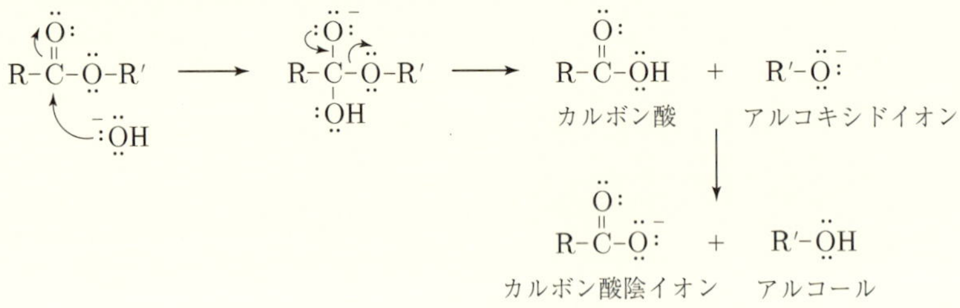

図 **12.12** 塩基性加水分解の反応機構

図 12.13 のように，エステルを還元して，第 1 級アルコールに変換することもできる．安息香酸メチルを水素化アルミニウムリチウム (LiAlH$_4$) と反応させると，ベンジルアルコールが得られる．還元剤として使う水素化アルミニウムリチウムからはヒドリドイオン：H$^-$ が放出され，求核アシル置換反応の求核試薬として作用する．反応中間体のアルデヒドを経由して，さらに，ヒドリドイオンが反応して生成物のアルコールが生成する．

求核アシル置換反応の求核試薬として，炭素原子を含むものもある．グリニャール試薬は，マグネシウムと結合している炭素原子が δ− であるため求核攻撃をすることができ，エステルのカルボニル基の δ+ の炭素原子に付加する．2 モル当量のグリニャール試薬とエステルの反応では，2 つのアルキル基 R″ が導入された第 3 級アルコールを合成することができる (図 12.14)．

水素化アルミニウムリチウムを用いる還元とグリニャール反応では，求核試薬の種類が異なるだけで反応の形式は同じである．

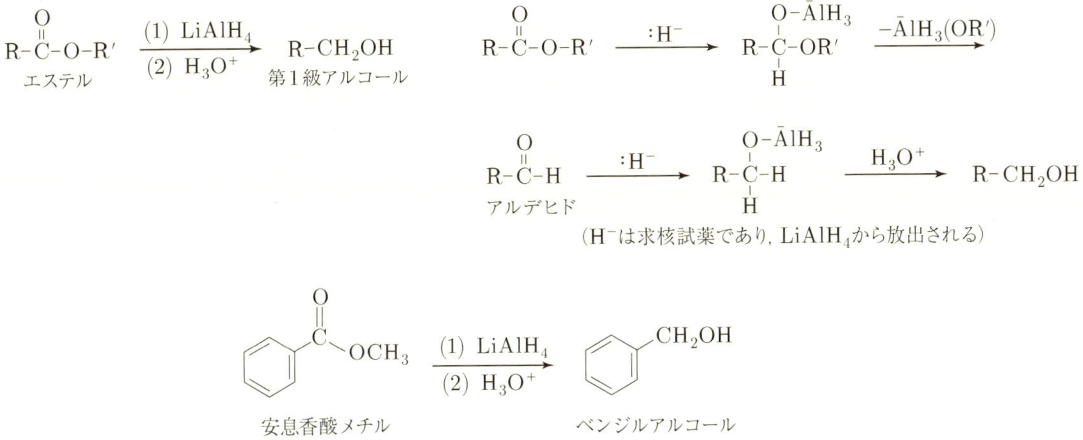

12.2 カルボン酸誘導体の合成と反応

$$\underset{\text{エステル}}{\text{R-CO-O-R'}} \xrightarrow[(2) \text{ H}_3\text{O}^+]{(1) \text{ LiAlH}_4} \underset{\text{第1級アルコール}}{\text{R-CH}_2\text{OH}} \qquad \text{R-CO-O-R'} \xrightarrow{:\text{H}^-} \text{R-C(O-}\bar{\text{A}}\text{lH}_3\text{)(OR')H} \xrightarrow{-\bar{\text{A}}\text{lH}_3(\text{OR'})}$$

$$\underset{\text{アルデヒド}}{\text{R-CO-H}} \xrightarrow{:\text{H}^-} \text{R-C(O-}\bar{\text{A}}\text{lH}_3\text{)H}_2 \xrightarrow{\text{H}_3\text{O}^+} \text{R-CH}_2\text{OH}$$

(H^- は求核試薬であり, LiAlH$_4$ から放出される)

安息香酸メチル $\xrightarrow[(2) \text{ H}_3\text{O}^+]{(1) \text{ LiAlH}_4}$ ベンジルアルコール

図 12.13 エステルの LiAlH$_4$ による還元

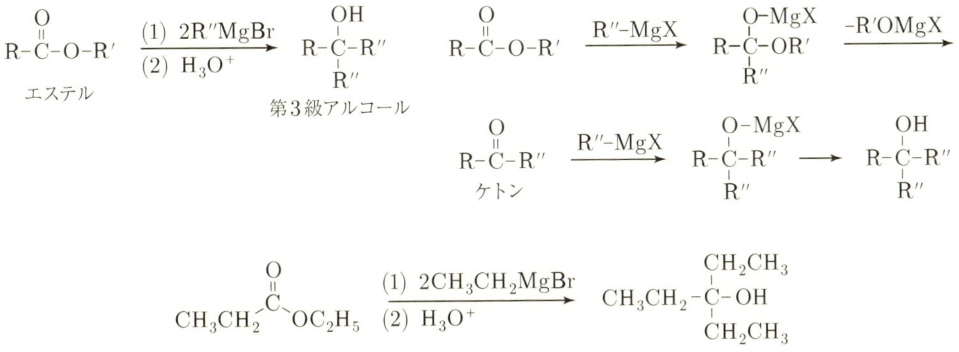

$$\underset{\text{エステル}}{\text{R-CO-O-R'}} \xrightarrow[(2) \text{ H}_3\text{O}^+]{(1) \text{ 2R''MgBr}} \underset{\text{第3級アルコール}}{\text{R-C(OH)(R'')}_2} \qquad \text{R-CO-O-R'} \xrightarrow{\text{R''-MgX}} \text{R-C(O-MgX)(OR')(R'')} \xrightarrow{-\text{R'OMgX}}$$

$$\underset{\text{ケトン}}{\text{R-CO-R''}} \xrightarrow{\text{R''-MgX}} \text{R-C(O-MgX)(R'')}_2 \longrightarrow \text{R-C(OH)(R'')}_2$$

$$\text{CH}_3\text{CH}_2\text{-CO-OC}_2\text{H}_5 \xrightarrow[(2) \text{ H}_3\text{O}^+]{(1) \text{ 2CH}_3\text{CH}_2\text{MgBr}} \text{CH}_3\text{CH}_2\text{-C(CH}_2\text{CH}_3)_2\text{-OH}$$

図 12.14 エステルとグリニャール試薬の反応

12.2.4 アミド

アミドは，求核アシル置換反応により，ほかのカルボン酸誘導体(酸ハロゲン化物，酸無水物，エステル)から合成することができる．また，アミド結合は，ペプチドやタンパク質でアミノ酸分子どうしをつなげる重要な役目をしている結合でもあり，この場合はペプチド結合とよばれる．アミド結合の炭素−窒素結合は構造式では単結合として表記するが，二重結合と単結合の中間的な性質をもっている．共鳴の考え方でこれを表すと，図 12.15 のようになる．両方の共鳴構造式の混成体が「真の構造」であり，炭素−窒素結合は完全な単結合でもなく，完全な二重結合でもなく，部分的に二重結合性を帯びているのである．このように，有機化合物の構造式で示される結合の性質は，その結合をつくる原子または官能基の影響を受けて変化する．アミドも求核アシル置換反応を起こすが，ほかのカルボン酸誘導体に比較すると反応性が低いことはすでに述べた．酸塩化物のカルボニル炭素は，塩素原子の電子求引性誘起効

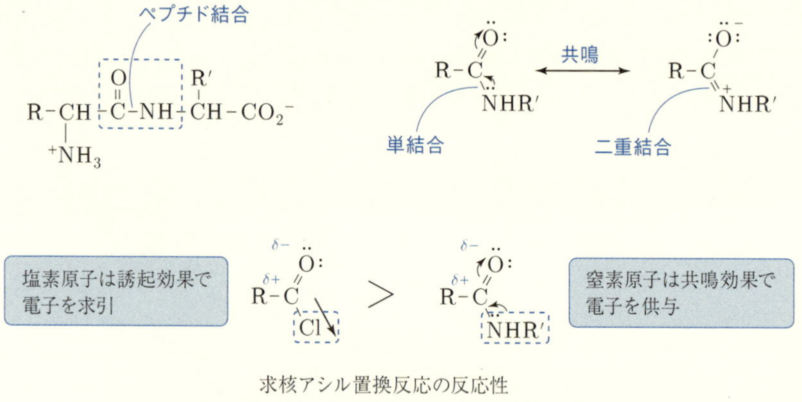

図 12.15　アミドの性質と反応性

果によって δ+ に強く分極している．一方，アミドでは共鳴構造式から明らかなように，カルボニル炭素の δ+ の性質が窒素原子の非共有電子対の流れ込みによって弱くなっていることに気がつくであろう．したがって，+ を求めて反応する求核試薬は攻撃しにくくなるのである．

12.2.5　環状のカルボン酸誘導体

エステル基 (−CO−O−) を環状構造の中にもつ化合物は，ラクトン (lactone) とよばれる．4-hydroxybutanoic acid は，1つの分子内にヒドロキシ基とカルボキシ基をもっており，それらが容易にエステル化反応を起こして γ-ブチロラクトンを生成する．ラクタム (lactam) は環状構造のアミドである．4員環の場合は β-ラクタムといい，重要な医薬品である抗生物質ペニシリン (penicillin) の構造に含まれる骨格である (図 12.16).

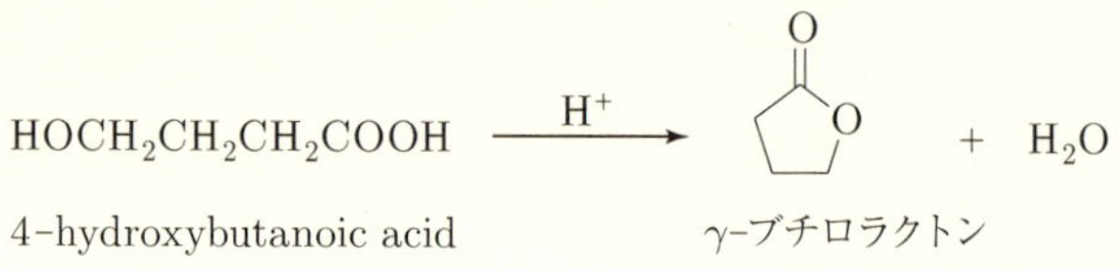

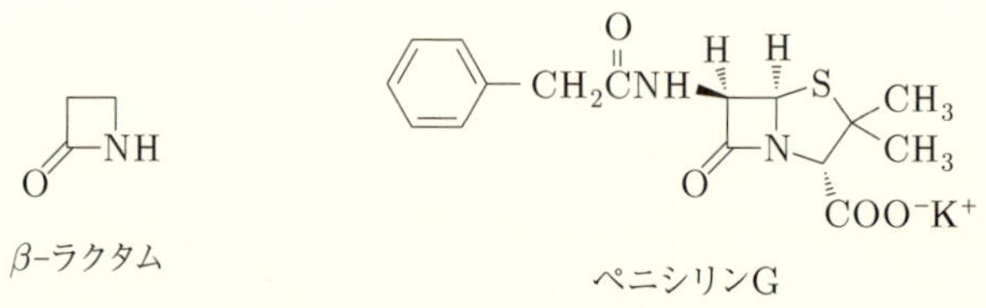

図 12.16　ラクトンとラクタム

章末問題 12

12.1 IUPAC 命名法に従って，次のカルボン酸誘導体の名前を英語で書け．

(1) CH₃CH₂CH(CH₃)CH₂COCl

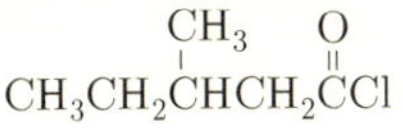

(2) マレイン酸無水物 (無水マレイン酸)

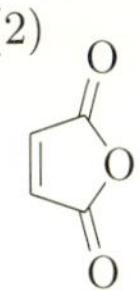

(3) C₆H₅CH₂CH₂CO-O-C₆H₅ (フェニル基へのエステル)

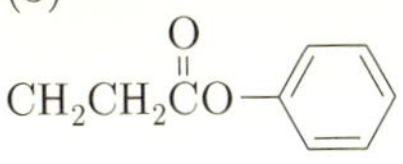

(4) C₆H₅-CONH₂

12.2 次のエステル化合物をカルボン酸から 2 段階の反応で合成せよ．

$$CH_3CH_2COCH(CH_3)_2$$

12.3 エステル R–CO–OR′ の酸性条件での加水分解の反応を，電子の動きを矢印で示して記せ (11 章にヒントがある)．

$$R-\overset{O}{\underset{\|}{C}}-OR' \xrightarrow{H^+,\ H_2O}$$

12.4 次の求核アシル置換反応を，電子の動きを矢印で示して記せ．

$$CH_3CH_2-\overset{O}{\underset{\|}{C}}-Cl\ +\ 2NH_3\ \longrightarrow\ CH_3CH_2-\overset{O}{\underset{\|}{C}}-NH_2\ +\ \overset{+}{N}H_4Cl^-$$

13 アミン

アンモニアと同様に，アミンは塩基性，求核性を示す．本章では，アミンの構造の違いによる塩基性，反応性の変化とアミンの合成について学ぶ．

13.1 アミンの分類

アンモニア（NH_3）の1つの水素が，アルキル基やベンゼン環などで置換された化合物を総称してアミンという．アンモニアの水素原子をエチル基で1個，2個，3個置き換えたアミンを，それぞれ，エチルアミン，ジエチルアミン，トリエチルアミンという．このように，アルキル基がついたアミンをアルキルアミンと総称する．一方，アニリンのようにベンゼン環が結合したアミンは芳香族アミン（アリールアミン）とよばれる（図 13.1）．

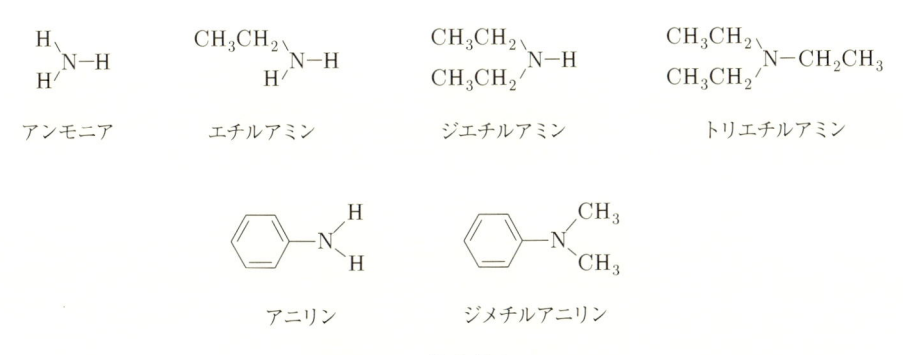

図 13.1 代表的なアミン

置換基が1個の場合，第1級アミンといい，置換基が2個，3個の場合はそれぞれ第2級アミン，第3級アミンという．図 13.2 に示すように，アンモニアやアミンの窒素原子は sp^3 混成軌道をつくっており，sp^3 炭素と同様，ピラミッド形をしている．それぞれの3つの頂点に水素原子やほかの置換基がつき，4番目には非共有電子対がある．

4番目の頂点にも水素原子や置換基がつくと，窒素原子が正電荷をもつことになりアンモニウム塩とよばれる．塩化アンモニウムは一番単純なアンモニ

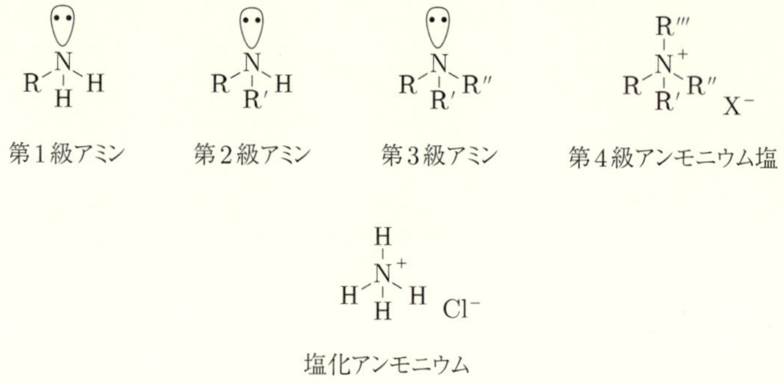

第1級アミン 第2級アミン 第3級アミン 第4級アンモニウム塩

塩化アンモニウム

図 13.2　アミンの分類

ウム塩である．4個の置換基がつくと，**第4級アンモニウム塩**とよばれる（図13.2）．

アルコールについては7章参照．

アルコールでは，第1級アルコール，第2級アルコールという分類を学んだが，第1級，第2級の意味はアルコールとアミンで異なっていることに注意してほしい．アルコールの場合は，ヒドロキシ基のついている炭素原子が1級，2級，3級に応じて第1級，第2級，第3級アルコールというのに対し，アミンの場合は，窒素原子に置換基がいくつ結合しているかで第1級，第2級，第3級アミン，あるいは第4級アンモニウム塩とよばれる．

アミンは化合物の総称で，アルコールの OH 基をヒドロキシ基とよぶように，NH_2 基を**アミノ基**という．

13.2　アミンの性質

アンモニア水（一般的には約30%水溶液）にリトマス試験紙をつけると青くなるように，アンモニアは塩基性を示す．これは5章で学んだように，窒素原子の非共有電子対が水からプロトンを受け取るからである（図13.3）．

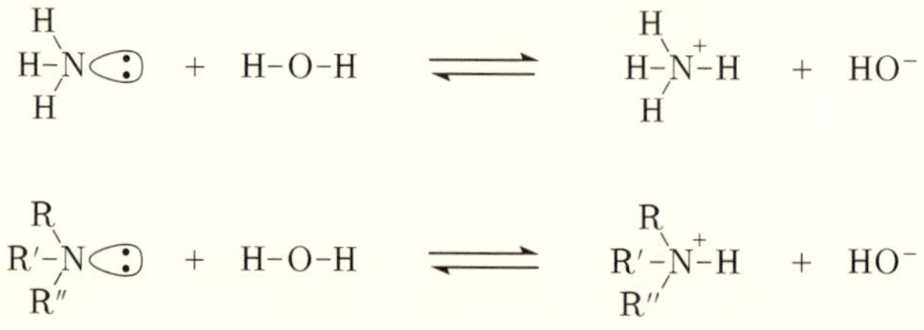

図 13.3　塩基としてのアミン

アミンの塩基性の強さは，窒素原子上の電荷によって決まる．図13.4に，アンモニア，アニリン，エチルアミン，ジエチルアミン，トリエチルアミンを塩基性の強さの順番に並べた．

アルキル基は電子供与性基であるから，アルキル基が結合すると窒素原子上の電子密度は高くなる．その結果，アルキル基が1個，2個と結合するほど塩

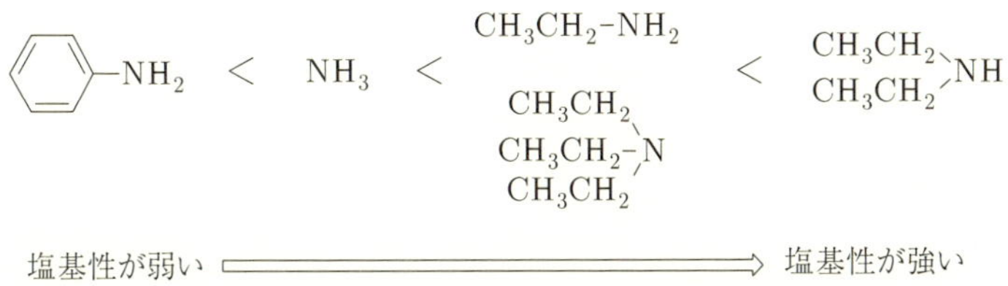

13.2 アミンの性質

<図: アニリン < NH₃ < エチルアミン, トリエチルアミン < ジエチルアミン　塩基性が弱い ⟶ 塩基性が強い>

図 13.4 代表的なアミンの塩基性

基性は強くなる．それでは，トリエチルアミンはなぜジエチルアミンよりも塩基性が弱いのだろうか．これを説明するためには，生成するアンモニウム塩が溶媒との水素結合で安定化されていることを考えなければならない．その安定化の度合いは，置換基がたくさん結合するほど小さくなる．立体的に込み入ると水素結合しにくくなるからである．これら相反する2つの要素のため，置換基の数が増えると必ずしも塩基性が強くなるわけでない．

アニリンは，アンモニアよりも弱塩基である．それはベンゼン環が電子求引性基であり，さらに窒素原子の非共有電子対は図 13.5 に示すような共鳴により，ベンゼン環に電子が流れ込むからである．

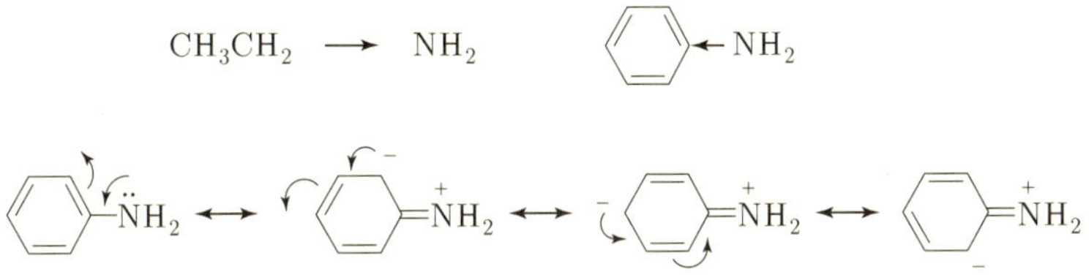

<図: エチルアミンの電子供与とアニリンの電子求引、およびアニリンの共鳴構造>

図 13.5 エチルアミンとアニリンの塩基性の違い

アミンの塩基性に関するこれまでの議論は定性的である．pK_a を使ってもう少し定量的に考えてみよう．9章で酸と塩基について学んだ．そこで学んだ酸解離定数 K_a と pK_a の考えをそのまま塩基性にあてはめて考えると，**塩基解離定数 (塩基性度定数)** K_b と pK_b は図 13.6 のように定義される．

$$\text{R-NH}_2 + \text{H}_2\text{O} \underset{}{\overset{K_b}{\rightleftharpoons}} \text{R-}\overset{+}{\text{N}}\text{H}_3 + \text{HO}^-$$

$$K_b = \frac{[\text{RNH}_3^+][\text{HO}^-]}{[\text{RNH}_2]} \qquad pK_b = -\log K_b$$

図 13.6 アミンの塩基解離定数

塩基性が強いほど平衡は右に傾く．K_b の値は大きくなり，その結果，pK_b は小さくなる．すなわち，pK_b が小さいほど強塩基ということがわかる．pK_a が小さいほど強い酸ということと同じことである．しかし，「酸と塩基」というように常にペアとして扱われているので，酸と塩基で違う尺度で考えることは面倒である．できれば1つの尺度で酸性度，塩基性度を比べられる方が便利

$$R-\overset{+}{N}H_3 + H_2O \quad \underset{}{\overset{K_a}{\rightleftharpoons}} \quad R-NH_2 + H_3O^+$$

$$K_a = \frac{[RNH_2][H_3O^+]}{[RNH_3^+]} \qquad pK_a = -\log K_a$$

図 13.7 アンモニウム塩の酸解離定数

である．図 13.6 の平衡を逆にみたのが図 13.7 である．ここでは，アンモニウム塩が水にプロトンを与える平衡を示している．すなわち，アミンの共役酸であるアンモニウム塩の酸性度を考えている．5 章で学んだように，酸解離定数 K_a, pK_a が以下のように定義される．

ここで，K_a と K_b の積をとると，アミンに関する項は消去されて水のイオン積となり，アミンやアンモニウム塩の種類にかかわらず一定の値となる．

$$K_a \times K_b = \frac{[RNH_2][H_3O^+]}{[RNH_3^+]} \times \frac{[RNH_3^+][HO^-]}{[RNH_2]}$$
$$= [H_3O^+][HO^-] = K_w = 10^{-14} \tag{13.1}$$

さらに，この式を常用対数を用いて変換すると，以下に示したように pK_a と pK_b の和は 14 となる．すなわち，アミンの塩基解離定数 pK_b は，共役酸のアンモニウム塩の pK_a で表すことができる．

$$-\log(K_a \times K_b) = -\log K_a - \log K_b = pK_a + pK_b = 14$$
$$pK_b = 14 - pK_a \tag{13.2}$$

アミンの pK_b が小さいほど塩基性が強くなることは上述したが，それに伴い，共役酸のアンモニウム塩の pK_a 値は大きくなる．これにより，酸性度も塩基性度も pK_a という 1 つの尺度で考えることができる．アンモニア，エチルアミン，ジエチルアミン，トリエチルアミン，アニリンの塩基性度を表 13.1 に示す．水の pK_a は 15.7 で，アルコールの pK_a は 16〜18 の範囲にある．したがって，pK_a 値を比較すると，NaOH や NaOEt に比べてアミンの塩基性は弱いことがわかる．

表 13.1 代表的なアミンの pK_b と対応するアンモニウム塩の pK_a

アミン	pK_b	アンモニウム塩	pK_a
NH_3	4.74	NH_4^+	9.26
$CH_3CH_2NH_2$	3.25	$CH_3CH_2NH_3^+$	10.75
$(CH_3CH_2)_2NH$	3.02	$(CH_3CH_2)_2NH_2^+$	10.98
$(CH_3CH_2)_3N$	3.24	$(CH_3CH_2)_3NH^+$	10.76
 C$_6$H$_5$-NH$_2$	9.37	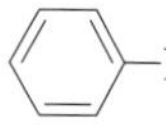 C$_6$H$_5$-NH$_3^+$	4.63

13.3 アミンの反応

アミンの窒素原子は非共有電子対をもっている．これにより，アミンは正電荷，あるいは電子不足の原子を攻撃することができる．このことを，アミンは求核性をもっているという．一方，アミンと反応する化合物は求電子剤と総称される．求電子剤の種類によって，アルキル化反応，アシル化反応，ジアゾ化反応などに分けられる．ケトンやアルデヒドとの反応は，10章に詳しく記載されているので，ここでは省略する．

13.3.1 アルキル化反応

アミンは塩基性を示すことを述べた．これはアミンの非共有電子対が正電荷をもっているプロトンを攻撃し，アンモニウム塩を形成すると考えることができる．同様に，アミンは正電荷を有する炭素原子，あるいはもっと広く，電子不足の炭素原子を攻撃することができる．

アンモニアはハロゲン化アルキルと反応して，まずはじめにアンモニウム塩を生じる．アンモニウム塩は，未反応のアンモニアと反応して第1級アミンとアンモニウム塩を生じる (図 13.8)．

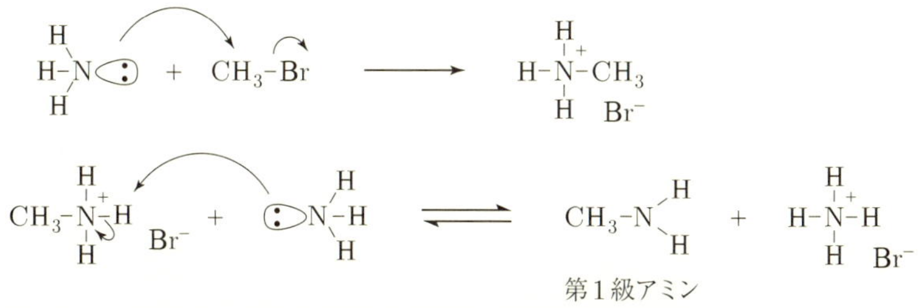

図 13.8 アンモニアからメチルアミンへの反応機構

第1級アミンは，ハロゲン化アルキルと再び反応し，アンモニウム塩を経由して第2級アミンを与える．この反応を繰り返すと，第3級アミン，第4級アンモニウム塩を生成する可能性がある (図 13.9)．

どの段階まで反応が進行するかは，アミンとハロゲン化アルキルの比率によって決まる．

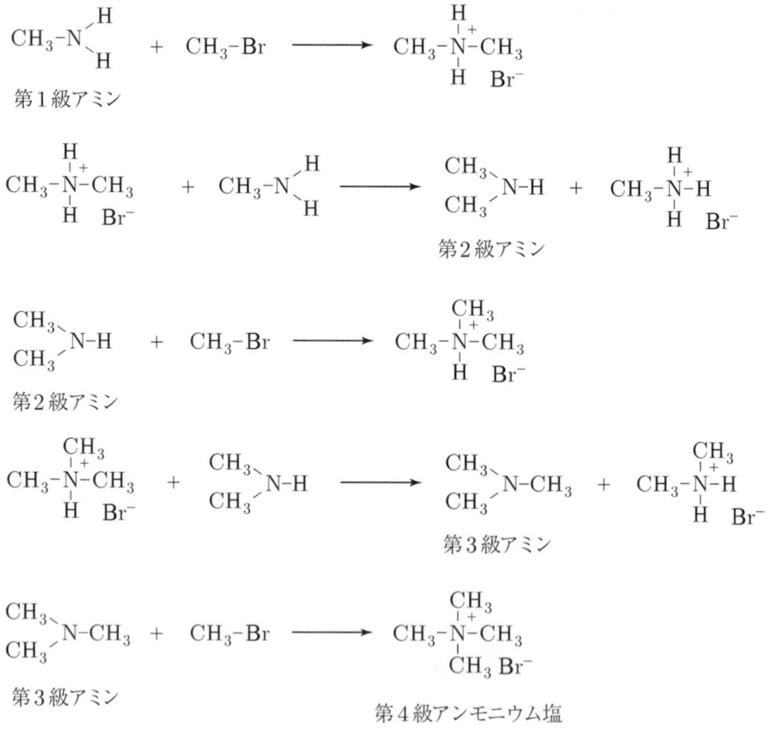

図 13.9　メチルアミンと臭化メチルの反応

13.3.2　アシル化反応

アセチル基やベンゾイル基のようなグループ(官能基)をアシル基と総称し、アシル基をつける反応のことをアシル化反応とよぶ(図 13.10).

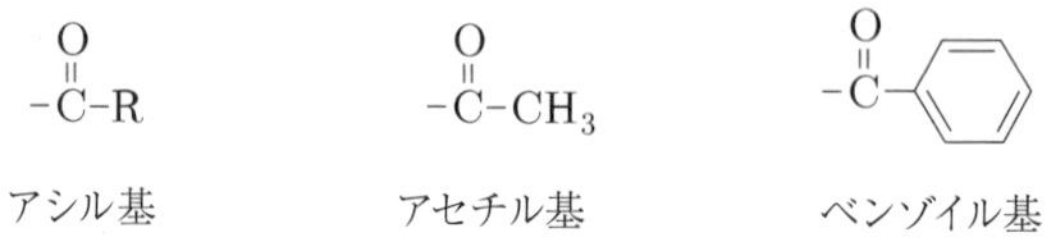

図 13.10　代表的なアシル基

アンモニアと塩化アセチル(アセチルクロリド)を反応させると、アンモニアが求電子性の高い塩化アセチルのカルボニル炭素を求核攻撃する。最終的には、塩素原子がアミノ基で置換されたアセタミドが生成する。この反応では、塩化アセチルとアンモニアから塩化水素が同時に生成するが、アンモニアが塩基となって中和される。同様に、アニリンも塩化アセチルと反応してアセトアニリドを与える.

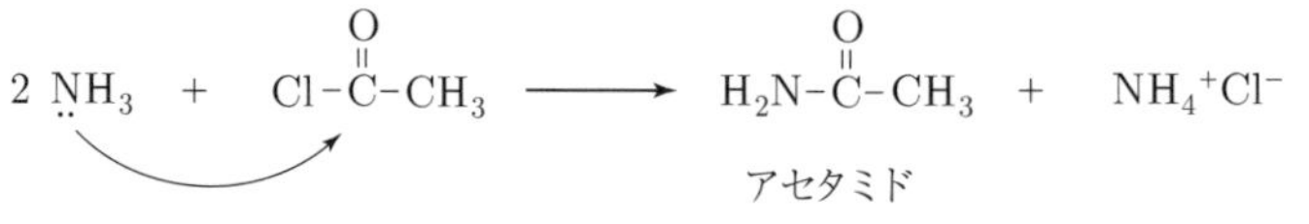

$$2\ NH_3 + Cl-\underset{\underset{O}{\|}}{C}-CH_3 \longrightarrow H_2N-\underset{\underset{O}{\|}}{C}-CH_3 + NH_4^+Cl^- \tag{13.3}$$

アセタミド

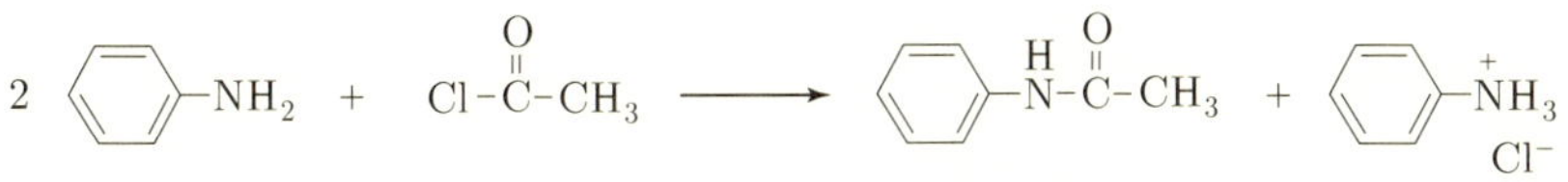

$$2 \text{C}_6\text{H}_5\text{-NH}_2 + \text{Cl-}\underset{\underset{\text{O}}{\|}}{\text{C}}\text{-CH}_3 \longrightarrow \underset{\text{アセトアニリド}}{\text{C}_6\text{H}_5\text{-}\underset{\text{H}}{\text{N}}\text{-}\underset{\underset{\text{O}}{\|}}{\text{C}}\text{-CH}_3} + \text{C}_6\text{H}_5\text{-}\overset{+}{\text{NH}_3}\,\text{Cl}^- \tag{13.4}$$

アシル基を導入する反応剤のことを**アシル化剤**と総称する．式 (13.3), (13.4) に示した酸塩化物だけでなく，さまざまなアシル化剤が知られている．例えば，無水酢酸のような酸無水物もアシル化剤として用いられる (図 13.11)．

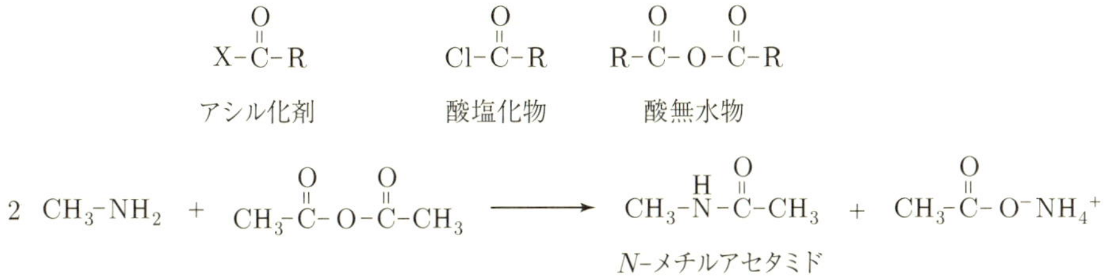

$$\underset{\text{アシル化剤}}{\text{X-}\underset{\underset{\text{O}}{\|}}{\text{C}}\text{-R}} \quad \underset{\text{酸塩化物}}{\text{Cl-}\underset{\underset{\text{O}}{\|}}{\text{C}}\text{-R}} \quad \underset{\text{酸無水物}}{\text{R-}\underset{\underset{\text{O}}{\|}}{\text{C}}\text{-O-}\underset{\underset{\text{O}}{\|}}{\text{C}}\text{-R}}$$

$$2\,\text{CH}_3\text{-NH}_2 + \text{CH}_3\text{-}\underset{\underset{\text{O}}{\|}}{\text{C}}\text{-O-}\underset{\underset{\text{O}}{\|}}{\text{C}}\text{-CH}_3 \longrightarrow \underset{N\text{-メチルアセタミド}}{\text{CH}_3\text{-}\underset{\text{H}}{\text{N}}\text{-}\underset{\underset{\text{O}}{\|}}{\text{C}}\text{-CH}_3} + \text{CH}_3\text{-}\underset{\underset{\text{O}}{\|}}{\text{C}}\text{-O}^-\,\text{NH}_4^+$$

図 13.11 アミンのアシル化

アミンのアシル化で生成するカルボン酸アミドは，タンパク質やペプチドの構成単位である．現在では自動合成装置で，次から次へとアミノ酸を結合させることができる．これは，アミンのアシル化を短時間で収率よく行う反応の開発を通して達成されたものである．

13.3.3 ジアゾ化反応

これまで述べたアミンのアルキル化反応，アシル化反応は，アミンが求核的に電子不足の炭素原子を攻撃するタイプの反応である．アミンは，炭素原子以外の電子不足な原子にも求核的に攻撃することができる．ここでは，その一例として亜硝酸との反応による**ジアゾ化反応**について学ぶ．

アニリンに塩酸水溶液中で亜硝酸ナトリウムを作用させると，ジアゾニウム塩が生成する．この反応は次のような機構を経て進行する．まず，亜硝酸ナトリウムと塩酸が反応して，ニトロシルカチオン (NO^+) が生成する (式 (13.5))．この反応は，硝酸と硫酸からニトロニウムカチオン (NO_2^+) が生成するときと類似の機構で進行する．

$$\text{HO-N=O} + \text{H}^+ \longrightarrow \text{H}_2\overset{+}{\text{O}}\text{-N=O} \longrightarrow \underset{\text{ニトロシルカチオン}}{\overset{+}{\text{N}}\text{=O}} + \text{H}_2\text{O} \tag{13.5}$$

ニトロシルカチオンの窒素原子は正電荷をもっているため求電子性で，アニリンの窒素原子が求核的に攻撃する．異性化，プロトン化，脱水などの反応を経て，最終的にジアゾニウム塩が生成する (図 13.12)．

アニリンのようなベンゼン環に直結したジアゾニウム塩は安定であるのに対し，アルキル基に結合した第 1 級アミン由来のジアゾニウム塩は極めて不安定

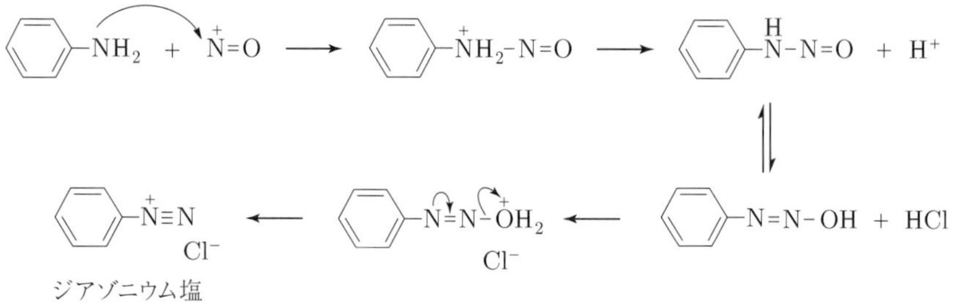

図 13.12 アニリンからジアゾニウム塩への反応機構

で，ただちに窒素の脱離を伴って分解する (図 13.13)．一方，第 2 級アミンとニトロシルカチオンとの反応では，ジアゾニウム塩の生成まで反応は進まず，ニトロソ化合物を生成する．

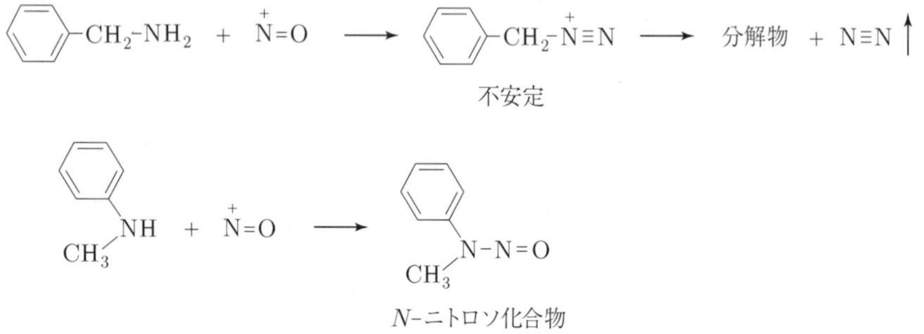

図 13.13 ニトロシルカチオンと第 1 級アミン，第 2 級アミンの反応

13.4 アミンの合成

図 13.8, 図 13.9 参照．

アミンの合成法には，さまざまな方法がある．ハロゲン化アルキル (R–X) から第 1 級アミン (R–NH$_2$) を合成する目的でアンモニアを作用させると，第 1 級アミンだけでなく，第 2 級アミン，第 3 級アミンが生成する可能性がある．したがって，アンモニアを用いることは一般的には適切でない．アンモニアの代わりに，アジ化ナトリウムが実験室ではよく用いられる (図 13.14)．アジドイオンは求核性があり，ハロゲン化アルキルなどと容易に反応してアジド化合物を得る．アジド基はさまざまな方法で還元でき，対応する第 1 級アミンを収率よく生成する．ただし，分子量の小さいアジド化合物は爆発の危険性が高いので，この方法は分子量の大きなアミンの合成に限られる．

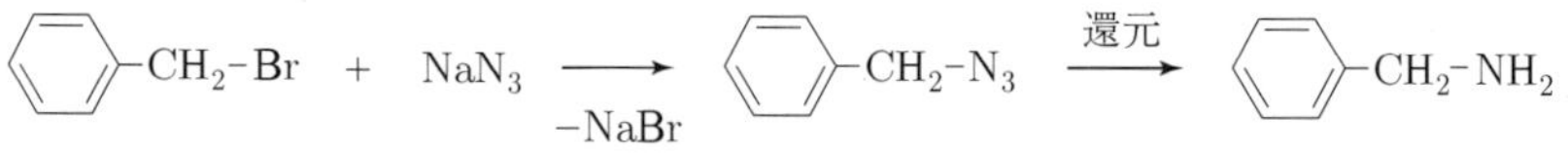

図 13.14 アジド化による第 1 級アミンの合成

そのほかの方法としては，ニトロ基の還元，あるいはニトリル，カルボン酸アミドの還元によってアミンを得ることができる．ニトロ化合物やニトリルの還元では第1級アミンを生成する．これに対して，カルボン酸アミドを還元する方法では，アミド窒素原子の置換パターンによって，第1級，第2級，第3級アミンも合成することができる(図13.15)．

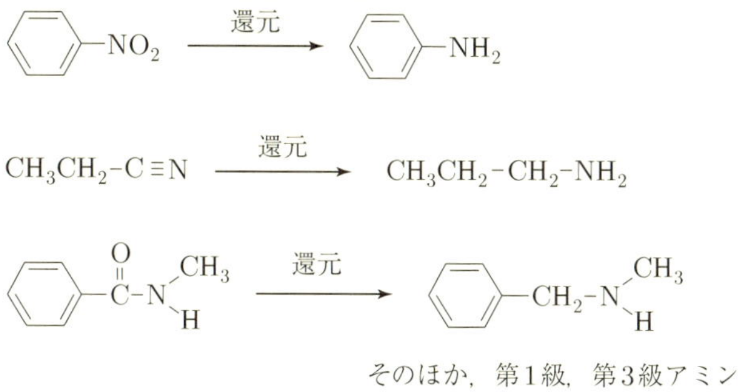

C₆H₅-NO₂ →(還元) C₆H₅-NH₂

CH₃CH₂-C≡N →(還元) CH₃CH₂-CH₂-NH₂

C₆H₅-C(=O)-N(CH₃)H →(還元) C₆H₅-CH₂-N(CH₃)H

そのほか，第1級，第3級アミン

図 13.15　アミンの合成法

章末問題 13

13.1 次の化合物を塩基性が強い順番に並べよ．

アンモニア，アニリン，トリエチルアミン，水酸化ナトリウム

13.2 アンモニアとヨウ化メチルを反応させた．このとき，アンモニアを大過剰用いた場合，ヨウ化メチルを大過剰用いた場合のそれぞれの主生成物は何かを答えよ．

13.3 次の反応の生成物は何かを答えよ．

2 CH₃-NH₂ + Cl-C(=O)-C₆H₅ ⟶ 生成物

2 C₆H₅-NH₂ + CH₃-C(=O)-O-C(=O)-CH₃ ⟶ 生成物

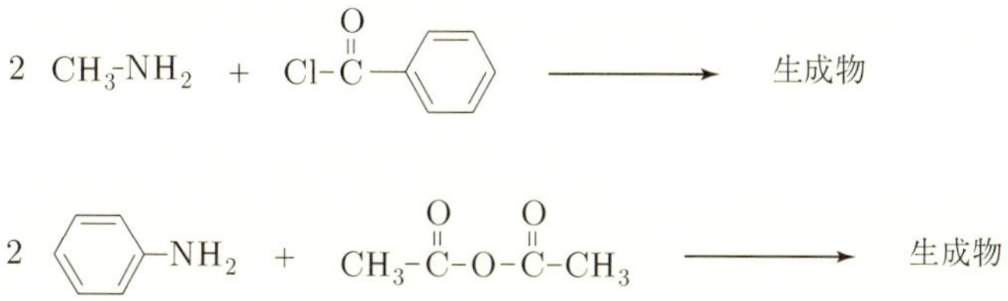

13.4 ブチルアミン CH₃CH₂CH₂CH₂NH₂ をニトリルの還元，カルボン酸アミドの還元によって合成したい．このとき，出発原料となるニトリル，カルボン酸アミドの構造式を示せ．

章末問題解答

1章

1.1 (1) H:Cl: H–Cl

(2) H:C:C:O:H   H–C–C–OH (with H's)

(3) H:C:C:C:H with H:O:H   H–C–C–C–H with OH

(4) H:C:C:N: H–C–C≡N (with H's)

(5) H:N:H with phenyl ring structure   H–N–H with phenyl ring

(6) :O::C::O: O=C=O

(7) :C::O: (⁻:C⦂⦂O:⁺)   C=O   ⁻C≡O⁺

(8) :N::O: N=O

1.2 (1) H:N:H with H below   :F:B:F: with :F: below

(2) 窒素原子は sp^3, ホウ素原子は sp^2

(3) アンモニアは非共有電子対も含めると四面体構造, 三フッ化ホウ素は平面三角形構造

1.3 (1) メチルカチオンは sp^2, メチルアニオンは sp^3

(2) メチルカチオンは平面三角形構造, メチルアニオンは非共有電子対も含めると四面体構造

1.4 [Diagrams showing CH₄ (109.5°) with 結合電子対間の反発, NH₃ (107.3°) with 非共有電子対と結合電子対間の反発, H₂O (104.5°) with 非共有電子対間の反発]

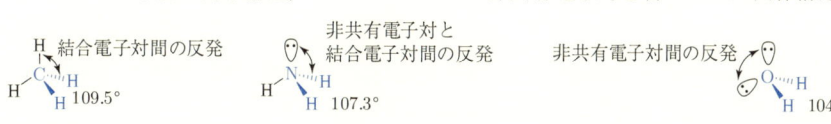

メタン分子では, 結合電子対間の反発を最小とするため, C–H 結合間が空間的に互いに最も離れた位置をとる. このため, 炭素原子を中心とした正四面体の各頂点方向に水素原子が存在することになる. したがって, そのときの H–C–H の結合角は 109.5°となる.

アンモニア分子では, 非共有電子対と結合電子対間が結合電子対間よりも大きな電子的反発を生じるため, 非共有電子対–N–H の角度が 109.5°よりも大きな値をとる. したがって, N–H 結合どうしが接近することになり, H–N–H の結合角はメタン分子よりも小さくなる.

水分子では, 非共有電子対が 2 つ存在するために, 非共有電子対間でさらに大きな電子反発を生じる. したがって, O–H 結合どうしが押し込まれ, アンモニア分子に比べて H–O–H の結合角が小さくなる.

2 章

2.1 構造異性体をすべてあげて，骨格構造式で示す．下記にそれぞれの化合物名を記す．

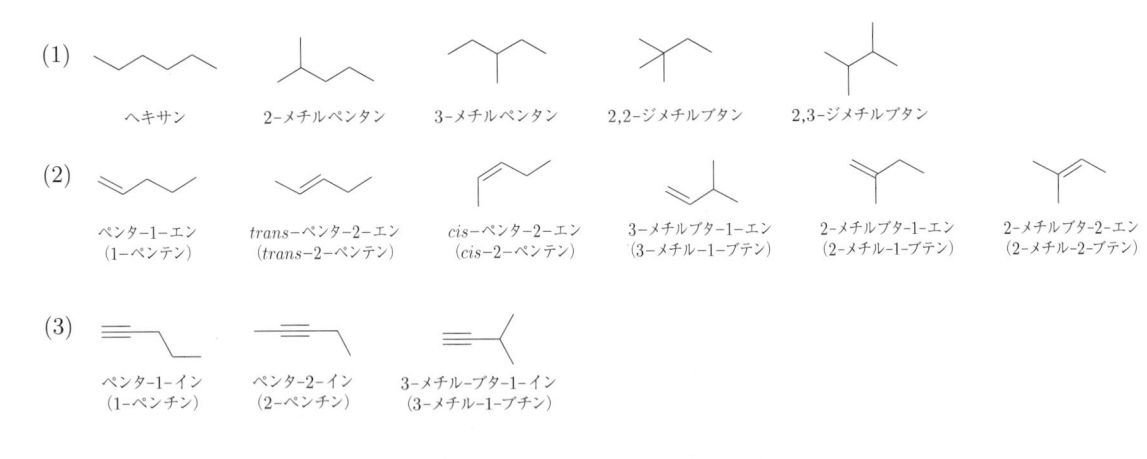

(1) ヘキサン / 2-メチルペンタン / 3-メチルペンタン / 2,2-ジメチルブタン / 2,3-ジメチルブタン

(2) ペンタ-1-エン（1-ペンテン）/ trans-ペンタ-2-エン（trans-2-ペンテン）/ cis-ペンタ-2-エン（cis-2-ペンテン）/ 3-メチルブタ-1-エン（3-メチル-1-ブテン）/ 2-メチルブタ-1-エン（2-メチル-1-ブテン）/ 2-メチルブタ-2-エン（2-メチル-2-ブテン）

(3) ペンタ-1-イン（1-ペンチン）/ ペンタ-2-イン（2-ペンチン）/ 3-メチル-ブタ-1-イン（3-メチル-1-ブチン）

2.2 アルケンへの付加反応: 付加する原子や置換基の立体構造については，いずれ詳しく学ぶ．

A. （シクロヘキサン環に CH$_3$, Br, Br） B. （シクロヘキサン環に HO, OH） C. （2-ブタノール OH） D. HCl

2.3 アルケンへの接触還元とオゾン分解

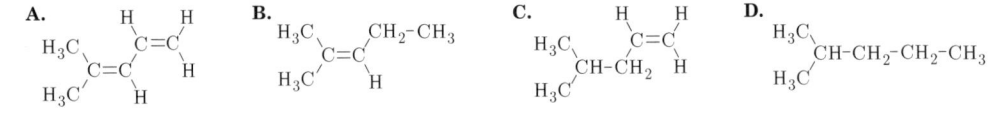

A. / B. / C. / D.

2.4 アルキンへの付加反応

(1) 3-ヘキシン + HCl (2当量) → 2,2-ジクロロヘキサン

(2) 2-ブチン + H$_2$O / H$_2$SO$_4$, HgSO$_4$ → 2-ブタノン

(3) 2-ブチン + Na, NH$_3$ (液) → trans-2-ブテン

(4) 2-ペンチン + H$_2$ / Pd/CaCO$_3$ / Pb(O$_2$CCH$_3$)$_2$ → cis-2-ペンテン

3 章

3.1 分子式が C$_4$H$_{10}$O のアルコールには，4 種類の構造異性体が存在する．そのうち，2-ブタノールがキラルな分子である．

章末問題解答

$$H_3C-CH_2-CH_2-CH_2-OH \qquad \begin{array}{c}CH_3\\|\\H_3C-CH-CH_2-OH\end{array}$$

$$\begin{array}{c}H_3C-CH_2-CH-CH_3\\|\\OH\end{array} \qquad \begin{array}{c}CH_3\\|\\H_3C-C-CH_3\\|\\OH\end{array}$$

キラルな分子
(2-ブタノール)

3.2 (1) S

順位2 視線の方向
COOH
H―C‥OH 順位1
    CH₃
順位4 順位3

順位2
COOH
H₃C ― OH
順位3 順位1

(2) S

順位3 視線の方向
CH₃
H―C‥CH₂CH₃ 順位2
    CH₂CH₂OH
順位4 順位1

順位3
CH₃
HOH₂CH₂C ― CH₂CH₃
順位1   順位2

(3) R

CHO   CHO   順位2 視線の方向
H―OH   =   H―C―OH   =   CHO
CH₂OH   CH₂OH   H―C‥CH₂OH 順位3
                            OH
                            順位4 順位1

順位2
CHO
HO ― CH₂OH
順位1   順位3

(4) R

    CH₃   CH₃   順位1 視線の方向
H―●―Br   =   H   H   =   Br
H―●―H   Br   H―C‥CH₂CH₃ 順位2
    CH₃   CH₃   CH₃
                                     順位4 順位3

順位1
Br
H₃C ― CH₂CH₃
順位3   順位2

3.3 分子内に対称面がある (3), (5) がアキラルである.

(3)
    CH₃
H―●―Br
---対称面---
H―●―Br
    CH₃

(5)
シクロヘキサン環 cis-ジオール ---対称面---

3.4 (1) E 低順位 H₃CH₂C   CH₂CH₃ 高順位
                    C=C
              高順位 Br   H 低順位

(2) Z 高順位 HOOC   NH₂ 高順位
              C=C
         低順位 H   COOH 低順位

3.5 ヒドロキシ基と塩素原子がアンチ形になる配座が最安定配座である.

    Cl
H―●―H
H―●―H
    OH

4 章

4.1 例えば，トルエン，フェノール，アニリン，ニトロベンゼン，サリチル酸など．

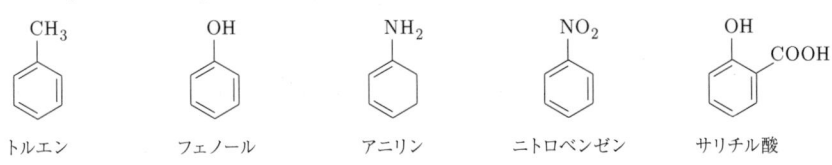

トルエン　　フェノール　　アニリン　　ニトロベンゼン　　サリチル酸

4.2 メタジニトロベンゼン (m-ジニトロベンゼン，1,3-ジニトロベンゼン)．1 つ目のニトロ化でニトロベンゼンを生成する．2 つ目のニトロ化ではニトロ基が電子求引性基なので，ニトロベンゼンのメタ位がニトロ化される．

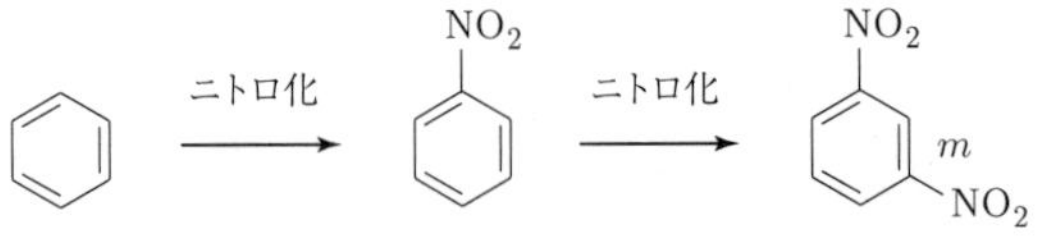

4.3 オルトあるいはパラニトロトルエン．メチル基は電子供与性基なので，トルエンのオルト位またはパラ位がニトロ化される．

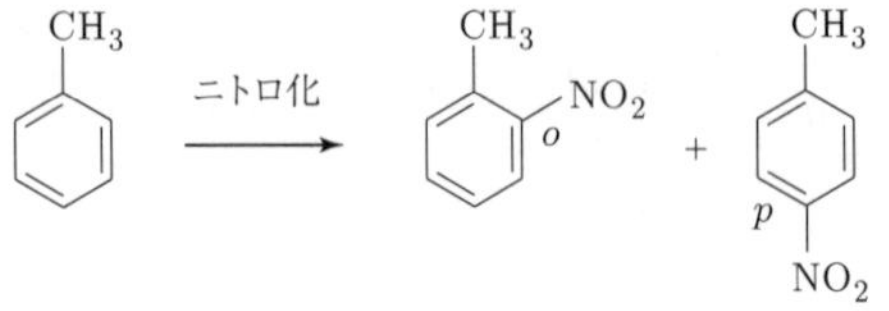

4.4 例えば，アスピリン (アセチルサリチル酸)(鎮痛解熱)，アセトアミノフェン (鎮痛解熱)，ニコランジル (狭心症治療薬)，エチニルエストラジオール (卵胞ホルモン) など．

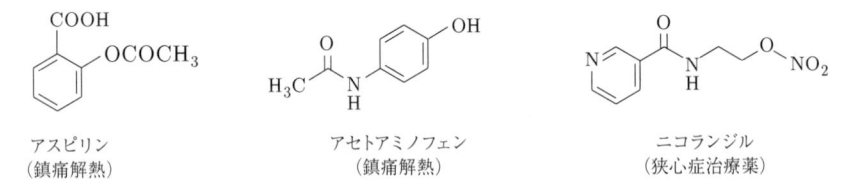

アスピリン
(鎮痛解熱)

アセトアミノフェン
(鎮痛解熱)

ニコランジル
(狭心症治療薬)

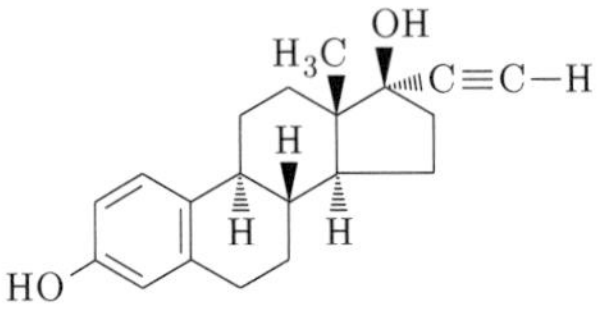

エチニルエストラジオール
(卵胞ホルモン)

5 章

5.1 (1) $H-C\equiv C-H + :NH_2^- \longrightarrow H-C\equiv C:^- + H-NH_2$

(2) 反応式 (F の非共有電子対は省略)

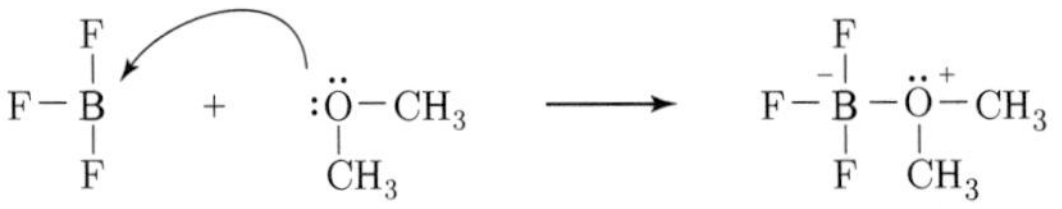

(3) 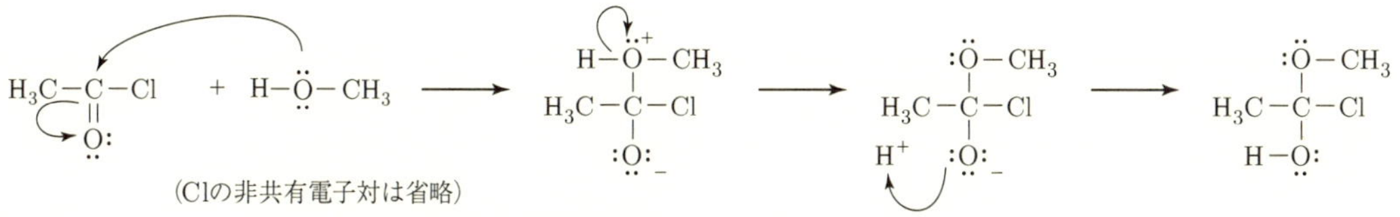

（Clの非共有電子対は省略）

（反応(3), (4)はただちに続けて起こる）

(4) 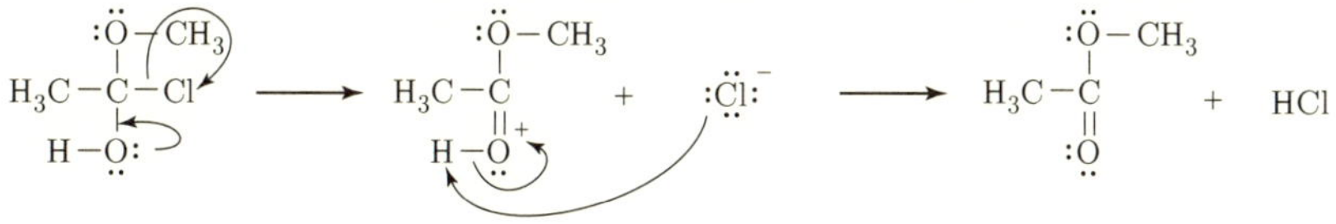

(5) 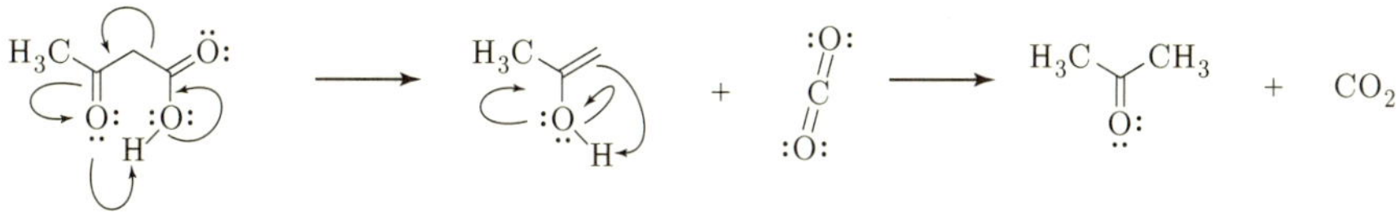

5.2 (1) 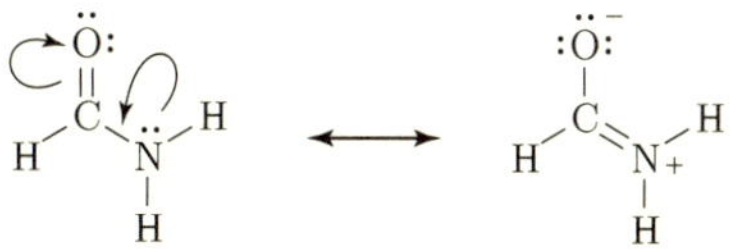

(2) 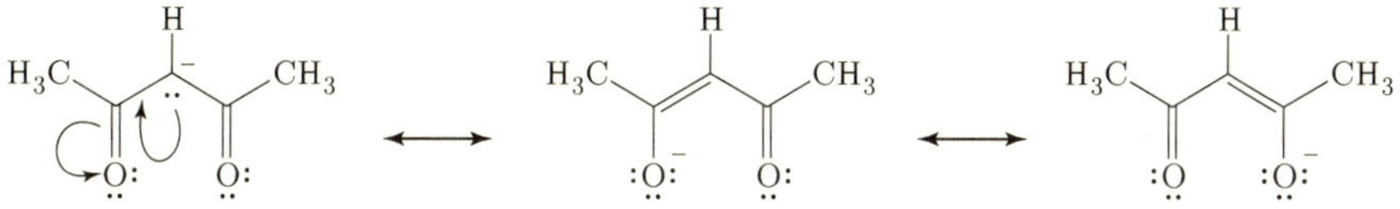

(3) 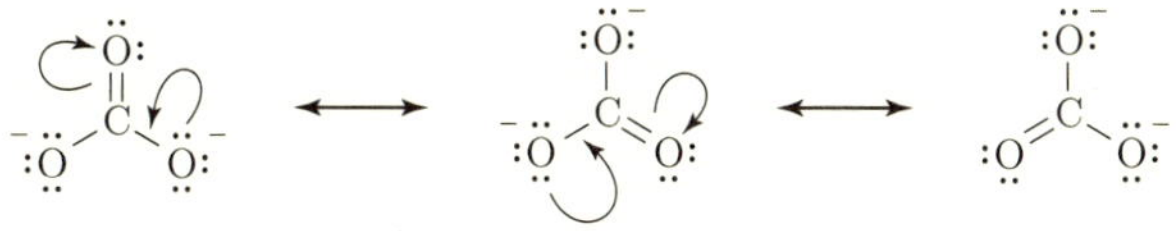

(4) 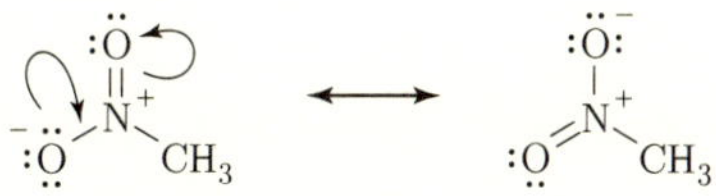

5.3 (1) 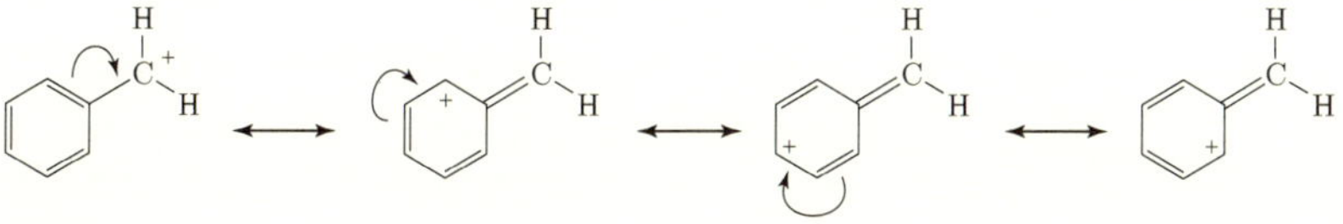

(2) 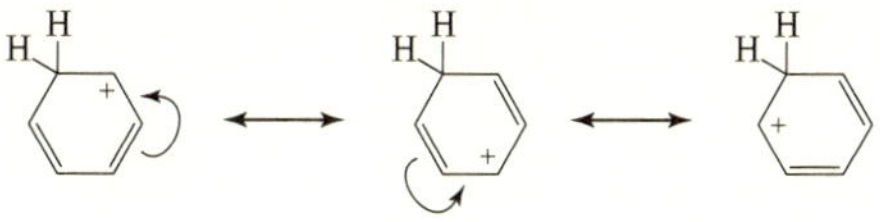

(3) 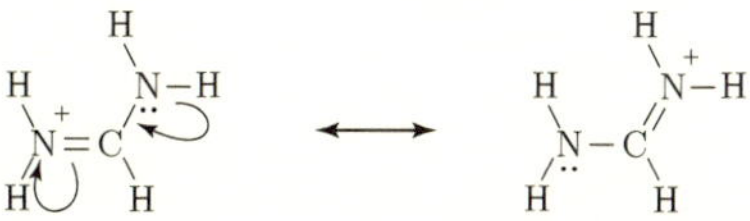

(4) 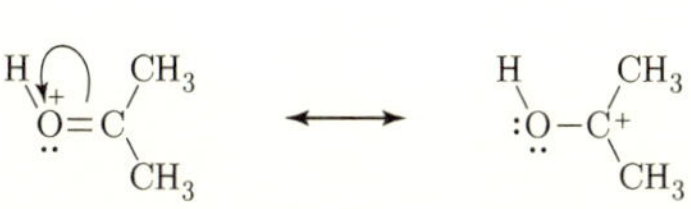

6 章

6.1 (1) $H_2C=CH_2 + HBr \longrightarrow CH_3CH_2Br$

(2) $H_2C=CH_2 + Br_2 \longrightarrow Br-CH_2-CH_2-Br$

(3) $H_2C=CH_2 + Cl_2 \longrightarrow Cl-CH_2-CH_2-Cl \xrightarrow[-HCl]{熱分解} \begin{array}{c} H \\ C=C \\ H Cl \end{array}$ (H上、H下左、Cl右)

6.2 (1) H–CH₂–Br (2) H–CHBr–Br (3) H–CBr₂–Br

(すなわち (1) CH_3Br, (2) CH_2Br_2, (3) $CHBr_3$)

6.3 (1) $CH_3-CH_2-CHI-CH_3$ (2) $CH_3-CH_2-CH_2-O-CH_2-CH_3$ (3) シクロヘキシル-CH(H)(CN)

6.4 (1) $(H_3C)_2C=CH_2$ (2) $H_3C-CH=C(CH_3)_2$ (3) 1-メチルシクロヘキセン

7 章

7.1 水分子 H-O-H 間の結合角は 180°ではなく，104.5°である．したがって，水分子は直線ではなく折れ曲がった形をしているからである．その結果，図ようなベクトルが生じ，極性を示す．アルコール類も同様と考えてよい．

7.2 水素原子が，電気陰性度が大きく原子半径の小さい原子 (O, N, F など) に結合すると，その原子に電子が引きつけられて，電荷の偏りが生じて水素は δ+ に荷電する．このような状態の水素原子は電子受容体として働き，ほかの電気陰性度の大きな原子から電子を受け取ることができるようになる．これが水素結合である．アルコール類は，水と同様に液体では分子どうしで水素結合をつくることもできる．気体になるためには，この水素結合を壊すエネルギーが必要であり，これがアルコールが対応するアルカンやハロゲン化アルキルに比べて沸点が高い理由である．

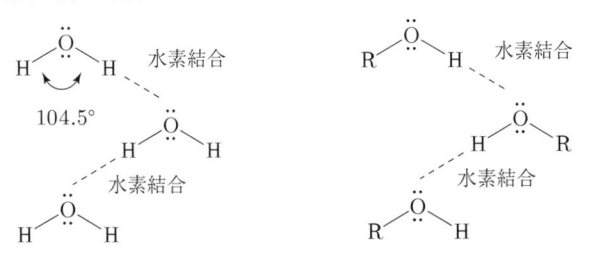

7.3 アルコール類の酸素原子は非結合電子対をもっており，これが強い酸と出会うとプロトンを受け入れてアルキルオキソニウムイオンをつくることができる．これが，アルコールが塩基としても働く理由である．当然のことながら，アルコールはプロトン (H⁺) を出すこともできるので酸として働くことにも注意が必要である．

7.4 フェノールのヒドロキシ基は sp² 炭素に結合しており，sp³ 炭素に結合しているアルコールより，電気陰性度が高く電子を引きつけやすい．さらに，フェノールとプロトンを出した後のフェノキシドイオンの共鳴構造式をみると，どちらも 5 個の共鳴構造式が書けるが，フェノールの共鳴構造式では電荷の分離 (もともと電荷がない構造から電荷を生じている) がみられる．一方，フェノキシドイオンにおいては，電荷の分離はなく，アニオンは芳香環内に非局在化できる．したがって，共鳴構造式の数は同じでもフェノキシドイオンの方がより安定であり，フェノールが酸性を示す理由である．

7.5 第 1 級アルコールは適当な酸化剤を用いて酸化すると，まず，アルデヒドが生成する．この酸化反応を水溶液中で行うと，生成したアルデヒドに水が付加し，新たにヒドロキシ基が生じるため酸化はさらに進行し，カルボン酸にまで酸化される．この反応は下式に示したように，酸化剤とヒドロキシ基の反応が出発点であることから，生成したアルデヒドに水が付加しないようにすれば，反応はアルデヒドで止まる．すなわち，アルデヒドを合成したいときは無水溶媒中で酸化を行えばよい．逆に，第 1 級アルコールからカルボン酸を 1 工程で合成するためには，この酸化を水溶液中で行えばよい．

8 章

8.1 アルコール類は，水と同様に液体では分子どうしで水素結合をつくる．気体になるためには，この水素結合を壊すエネルギーが必要である．したがって，対応するアルカンやハロゲン化アルキルに比べて沸点が高くなる．一方，エーテルは水素結合形成に必要な水素原子をもたないため，一般に沸点は対応するアルコール類より低い．

8.2 一般に，エーテルは反応に関与できる官能基が酸素原子のみである．したがって，酸や塩基に対しては比較的安定である．しかし，鎖状のエーテルにみられるように，通常 sp³ 炭素がつくる結合角は 109.5° であるのに対して，環状エーテルであるエポキシドは 3 員環であることから，結合角は 109.5° よりはるかに小さくなければならず，"角度ひずみ" が生じ，その分不安定である．また，環がほぼ平面に固定化されていることから "ねじれひずみ" も生じ，その不安定さを増大している．不安定さを解消するには 3 員環を開いてひずみをなくす必要があり，これがエポキシドの反応性を高めている理由である．

8.3 1,2-エポキシプロパン (2-メチルオキシラン) と臭化水素酸の反応では，臭化物イオンがエポキシドのどちらの炭素を攻撃するかによって 2 種類の化合物が生成する．この反応においては，臭化物イオンは立体障害の少ない，かつ電子的にも有利な置換基の少ない炭素を攻撃してエポキシドを開くため，1-ブロモ-2-プロパノールが主生成物になる．一方，同じエポキシドでも，2,2-ジメチルオキシランを基質として用いると臭化物イオンが反応する位置は逆になり，2-ブロモ-2-メチル-1-プロパノールが主生成物になる．ここでは，炭素陽イオンの安定な中間体を通るためにこのような結果となる．どちらにしても，エポキシドの開裂はどちらか一方の反応機構で進行するのではなく，原料の構造によって経路の割合が異なる傾向がある．

*1 おもに電子的および立体的要因に起因

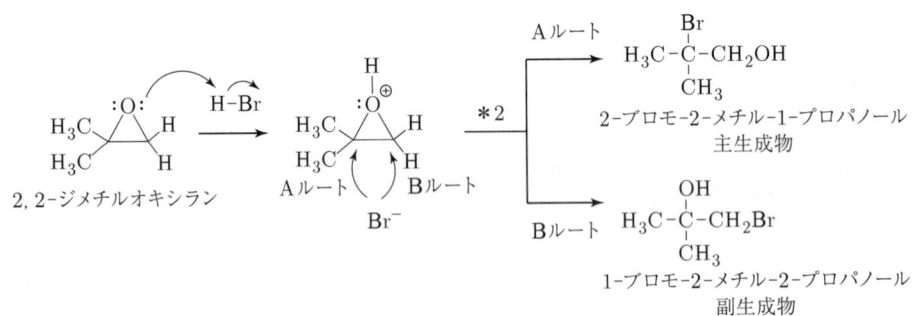

*2 おもに炭素陽イオンの安定性に起因

8.4 ウィリアムソンのエーテル合成法は，一般に sp^3 炭素上で進行する．ヨードベンゼンとナトリウムメトキシドの反応でメトキシベンゼンを合成しようとすると，最初に電子豊富なベンゼン環の炭素 (sp^2 炭素) にメトキシアニオンが攻撃しなければならないが，このような芳香族求核置換反応は特別な条件を用いないと進行しないのが普通である．

9章

9.1 (1) 酸 ⋯ C_2H_5OH, H_2O,　　塩基 ⋯ OH^-, $C_2H_5O^-$
　　 (2) 酸 ⋯ HCl, $C_2H_5OH_2^+$,　　塩基 ⋯ C_2H_5OH, Cl^-

9.2 $K_a = \dfrac{[H_3O^+][A^-]}{[HA]}$ より，水の場合 $HA = H_2O$, $A^- = OH^-$ であるから

$$K_a = \frac{[H_3O^+][OH^-]}{[H_2O]} = \frac{1.0 \times 10^{-14}}{55.6} = 1.80 \times 10^{-16} \text{ mol/L}$$

したがって，$pK_a = -\log K_a = -\log(1.80 \times 10^{-16}) = 15.7$ である．

9.3 (1) CH_3COCH_3 の pK_a は 19.3，NH_4^+ の pK_a は 9.2 である．したがって，共役塩基で考えると，$CH_3COCH_2^-$ の方が NH_3 よりも強い塩基であるため，この反応は起こらない．
　　 (2) NH_3 の pK_a は 33 であることから，NH_2^- の方が $CH_3COCH_2^-$ よりも強い塩基であり，この反応は起こる．

9.4 アニリンの場合 (式 (9.20)) に比べて，ジフェニルアミンの方がはるかに多くの共鳴構造式が書ける．したがって，ジフェニルアミンの窒素原子の電子密度はアニリンよりもさらに低くなっている．そのため，ジフェニルアミンの塩基性はアニリンよりも弱い．

10章

10.1 (1) CH₃-C(CH₃)(OH)-H (2) CH₃-C(H)(OH)-H (3) CH₃-C(=NOH)-H (4) CH₃-C(OCH₃)(OCH₃)-H (5) CH₃-C(CN)(OH)-H

10.2 H-C(=O)-H + C₆H₅-MgCl ⟶ H-C(C₆H₅)(OMgCl)-H →(H₃O⁺)→ H-C(C₆H₅)(OH)-H

10.3 CH₃-C(=O)-H →(CH₃CH₂MgBr)→ CH₃-C(H)(OH)-CH₂CH₃ →(CrO₃/H₂SO₄)→ CH₃-C(=O)-CH₂CH₃

10.4 (1) C₆H₅-C(H)(OH)-H (2) CH₃-C(H)(OH)-CH₂CH₃ (3) シクロヘキサノール (4) CH₃-C(H)(OH)-C₆H₅

11章

11.1 (1) 3-methylpentanoic acid
(2) 2-bromo-4-ethylheptanoic acid
(3) 3,4-dimethylcyclopentanecarboxylic acid

11.2 FCH₂COOH > ClCH₂COOH > ICH₂COOH
理由: 電子求引性の誘起効果によりカルボン酸陰イオンを安定化する能力は, ハロゲン置換基の電気陰性度の順 (F > Cl > I) に大きくなるから.

11.3
CH₃CH₂CH₂CH₂-Br →(Mg, エーテル)→ CH₃CH₂CH₂CH₂-MgBr →((1)CO₂, (2)H₃O⁺)→ CH₃CH₂CH₂CH₂-COOH
CH₃CH₂CH₂CH₂-Br →(KCN)→ CH₃CH₂CH₂CH₂-CN →(H₂O, H⁺あるいはOH⁻)→ CH₃CH₂CH₂CH₂-COOH

11.4
$$CH_3CH_2CH_2-C(=O)-OH + H-OSO_3H \rightleftharpoons CH_3CH_2CH_2-C(OH)(^+OH) + HSO_4^-$$
(続いて H₃C-OH が求核攻撃)
$$\rightleftharpoons CH_3CH_2CH_2-C(OH)(O^+H-CH_3)-OH \rightleftharpoons CH_3CH_2CH_2-C(^+OH_2)(O-CH_3)-OH$$
$$\rightleftharpoons CH_3CH_2CH_2-C(=O)-O-CH_3 + H_2O + H^+$$

12 章

12.1
(1) 3-methylpentanoyl chloride
(2) maleic anhydride
(3) phenyl propanoate
(4) benzamide

12.2
$$CH_3CH_2COOH \xrightarrow{SOCl_2} CH_3CH_2COCl \xrightarrow[\text{pyridine}]{(CH_3)_2CHOH} CH_3CH_2COCH(CH_3)_2$$

12.3 (酸触媒エステル加水分解機構)

12.4 (アミド生成機構：プロピオニルクロリド + NH$_3$ → プロピオンアミド + NH$_4$Cl)

13 章

13.1 水酸化ナトリウム，トリエチルアミン，アンモニア，アニリンの順番

13.2
$$NH_3 \text{(大過剰)} + CH_3\text{-I} \longrightarrow CH_3\text{-}NH_2$$

$$NH_3 + CH_3\text{-I} \text{(大過剰)} \longrightarrow (CH_3)_4N^+I^-$$

13.3
$$2\ CH_3\text{-}NH_2 + Cl\text{-}CO\text{-}C_6H_5 \longrightarrow CH_3NH\text{-}CO\text{-}C_6H_5 + CH_3\text{-}NH_3^+Cl^-$$

$$2\ C_6H_5\text{-}NH_2 + CH_3\text{-}CO\text{-}O\text{-}CO\text{-}CH_3 \longrightarrow C_6H_5\text{-}NH\text{-}CO\text{-}CH_3 + CH_3\text{-}CO\text{-}O^-\ H_3N^+\text{-}C_6H_5$$

13.4 $CH_3CH_2CH_2\text{-}CN \qquad CH_3CH_2CH_2\text{-}CO\text{-}NH_2$

索　引

英数字

π 結合　9, 43, 85, 97
σ 結合　8, 85, 97
σ 錯体　71
E-体　33
Z-体　33
(R, S) 表示　29
(D, L) 表示　30
D-体　30
L-体　30
IUPAC 命名法　14, 44, 84, 98
TNT 火薬　47

あ　行

アキシアル　38
アキラル　27
アシル化剤　121
アシル化反応　120
アシル基　105
アセタール　91
アセチル化　109
アセチル基　105
アセチレン　19, 20
　　——の構造　20
アニリン　41
アミド　105, 106, 111
アミノ基　116
アミン　115
　　——の合成　122
　　——の性質　116
　　——の反応　119
　　第 1 級——　115
　　第 2 級——　115
　　第 3 級——　115
アルカン　13

　　——の塩素化　16
　　——の構造　13
　　——の性質　14
　　——の反応　15
　　——の命名法　14
アルキルアミン　115
アルキル化反応　119
アルキン　13, 19
　　——の還元　21
　　——の合成　20
　　——の構造　20
　　——の反応　20
　　——の命名法　19
アルケン　13, 16
　　——の還元　17
　　——の合成　17
　　——の構造　17
　　——の反応　17
　　——の命名法　16
アルコール　65
　　——の合成　69
　　——の酸化反応　67
　　——の性質　66
　　——の脱水反応　68
　　——の置換反応　68
　　第 1 級——　65, 101, 110
　　第 2 級——　65
　　第 3 級——　66, 110
アルデヒド　83, 101
　　——の合成　95
　　——の性質　85
　　——の反応　87
　　——の命名法　84
安息香酸　41, 102
安息香酸メチル　110

アンチ形配座　36
アンチ付加　61
アンモニウム塩　115
　　第 4 級——　116
イオン化エネルギー　4
イオン結合　5
いす形配座　37
異性体　23
位相　6
イミン　92
イミン誘導体　93
ウィリアムソン合成　74
右旋性　27
エクアトリアル　38
エステル　103, 105, 106, 109
エチレン　17
　　——の構造　17
エーテル　73
　　——の合成　74
　　——の反応　74
エーテル結合　73
エピマー　35
エフェドリン　34
エポキシド　74
　　——の合成　75
　　——の反応　74
塩化チオニル　108
塩化ベンゾイル　108
塩基　77
塩基解離定数　117
塩基性度定数　117
オキシラン　74
オクテット則　4, 86
オゾン　19
オゾン分解　19

135

オルト-パラ配向性基　47
オレフィン　16

か 行

可逆過程　110
重なり形配座　36
加水分解　108–110
片矢印　50
カテコール　70
価電子　4
価標　5
過マンガン酸カリウム　101
カルボアニオン等価体　88
カルボキシ基　97, 99
カルボキシラートアニオン　99
カルボニル化合物　83
　　──の還元　94
カルボニル基　83
カルボン酸　97, 101
　　──の合成　101
　　──の性質　99
　　──の反応　102
　　──の命名法　98
カルボン酸陰イオン　99, 109
カルボン酸塩　102
カルボン酸誘導体　105
　　──の合成　107
　　──の反応　107
　　──の命名法　105
　　環状の──　112
カーン-インゴールド-プレローグ
　(CIP) の順位則　30
還元　110
環状ヘミアセタール　90
慣用名　14, 44
幾何異性体　17
希ガス　4
求核アシル置換反応　107
求核剤　52, 62, 87
求核試薬　107
求核性　119
求核置換反応　62
求核的　85
求核付加反応　85
　　カルボニル基への──　86

酸素求核剤による──　89
水素求核剤による──　94
炭素求核剤による──　88
窒素求核剤による──　92
求電子剤　46, 52, 62, 119
求電子置換反応　47
求電子的　85
鏡像　27
鏡像異性体　23, 27, 32
共鳴　80, 100, 111
共鳴安定化　80
共鳴エネルギー　44
共鳴効果　99, 100
共鳴構造　43, 53
共鳴構造式　70, 111
共役塩基　77
共役酸　77
共有結合　5
極性基　66
キラリティー　27
キラル　27
キラル炭素原子　27
金属触媒　19
グリコール　65
グリニャール試薬　88, 101, 110
クレゾール　41
クーロン力　5
ケクレ構造式　5, 13
結合距離　43
ケトン　84
　　──の合成　95
　　──の性質　85
　　──の反応　87
　　──の命名法　84
けん化　110
原子　1
原子核　1
原子番号　1
原子量　2
光学異性体　28
光学活性　28
光学活性体　28
光学不活性　28
構成原理　3
構造異性体　13, 23

ゴーシュ形配座　36
骨格構造式　13, 14
木びき台表示　26
混成　7
混成軌道　8
　　sp──　11
　　sp^2──　9, 43, 85, 97
　　sp^3──　8, 115

さ 行

ザイツェフ則　63
酢酸　99
左旋性　28
サリドマイド　31
酸　77
酸塩化物　108
酸塩基反応　79
酸化　17, 101
酸解離定数　78
酸化剤　101
酸触媒　110
酸性度定数　78
サントニン　33
酸ハロゲン化物　105
酸無水物　105, 109
ジアキシアル相互作用　38
ジアステレオ異性体　23, 32
ジアステレオマー　32
ジアゾ化反応　121
ジアゾニウム塩　121
シアノヒドリン　89
ジオール　65
シクロアルカン　13
シクロアルケン　16
四酸化オスミウム　19
シス体　32
シス-トランス異性体　17, 32
実像　27
質量数　2
脂肪族炭化水素　13
四面体中間体　86
周期表　1
重水素　2
縮合反応　85
縮退　3

索　引

酒石酸　34
シュレーディンガーの波動方程式　2
触媒　18, 103
親水性基　66
水素化アルミニウムリチウム　110
水素化熱　43
水素結合　66, 99
水素陽イオン　46
水和反応　18
水和物　89
節　6
接触還元　19
接触水素化　19
絶対立体配置　29

た　行

脱離　17
脱離反応　62
短縮構造式　13
置換反応　16, 59, 61, 85
中間体　46
中性子　1
電気陰性度　59, 85, 94
電子　1
電子雲　43
電子求引性　100
電子親和力　5
電子配置　3
同位体　2
同属体　66
トランス体　32
トリチウム　2
トルエン　41

な　行

ナフタレン　41
ニトリル　101
ニトロニウムイオン　46
ニューマン投影式　26
ねじれ形配座　36

は　行

配向性　47
配座異性体　23, 36
ハイゼンベルクの不確定原理　2
パウリの排他原理　3
破線-くさび形表示　25
ハミルトニアン　2
ハロアルカン　58
ハロゲン化アルキル　58, 101
反応機構　46, 49, 53, 103
非可逆過程　110
非共有電子対　102, 116
非局在化　43
比旋光度　28
ヒドリドイオン　110
ヒドリドイオン等価体　94
ヒドロキノン　70
ピリジン　108
ピロガロール　70
フィッシャー投影式　26
フェノール　41, 70
　　——の合成　71
　　——の酸化　71
　　——の性質　70
　　——の置換反応　71
付加反応　17, 60, 61
複素環芳香族化合物　41
不斉炭素原子　27
不対電子　7
舟形配座　38
不飽和炭化水素　13
ブレンステッド-ローリーの定義　77
プロトン　46
分極　59
フントの規則　3
平衡　52
平衡定数　53, 78
平衡反応　92, 110
平面偏光　27
ペプチド結合　111
ヘミアセタール　90
ヘミアミナール　92
ベンゼン　41
　　——の構造　43
芳香族アミン　115
芳香族化合物　41, 42
　　——の命名法　44
芳香族性　41
芳香族炭化水素　41
　　——の反応　45
飽和炭化水素　13
保護基　92

ま　行

マイゼンハイマー錯体　71
メソ化合物　34
メタ配向性基　47

や　行

矢印　49
有機塩基　80
誘起効果　59, 100
有機酸　80
有機ハロゲン化合物　57
　　——の合成　59
　　——の反応　62
　　——の命名法　58
陽子　1

ら　行

ラクタム　112
ラクトン　112
ラジカル　59
ラセミ混合物　28
ラセミ体　28
立体異性体　23, 24, 33, 34
立体構造式　13
立体配座　36
立体配置　29
量子化　2
両性化合物　66
リンドラー触媒　21
ルイス塩基　77, 81
ルイス構造式　4
ルイス酸　77, 81
レゾルシノール　70
連鎖反応　60

■編集委員長

入村達郎(いりむら　たつろう)
1971年　東京大学薬学部薬学科卒業
1974年　東京大学大学院薬学系研究科博士課程中退
現　在　東京大学大学院薬学系研究科教授,薬学博士

■編　者

小林　進(こばやし　すすむ)　13章
1970年　東京工業大学理学部化学科卒業
1975年　東京工業大学大学院理工学研究科化学専攻博士課程修了
現　在　東京理科大学薬学部教授,理学博士

三巻祥浩(みまき　よしひろ)　3章
1984年　東京薬科大学薬学部衛生薬学科卒業
1990年　東京薬科大学大学院薬学研究科博士課程修了
現　在　東京薬科大学薬学部教授,薬学博士

■著　者

牧野一石(まきの　かずいし)　1章
1992年　北海道大学薬学部薬学科卒業
1997年　北海道大学大学院薬学研究科博士課程修了
現　在　北里大学薬学部教授,薬学博士

長光　亨(ながみつ　とおる)　1章
1992年　北里大学薬学部製薬学科卒業
1997年　北里大学大学院薬学研究科博士課程修了
現　在　北里大学薬学部教授,薬学博士

川﨑知己(かわさき　ともみ)　2章
1973年　京都薬科大学薬学部製薬化学科卒業
1979年　大阪大学大学院薬学研究科博士課程修了
現　在　明治薬科大学薬学部教授,薬学博士

西谷　潔(にしたに　きよし)　4章
1971年　東京理科大学薬学部製薬学科卒業
1973年　東京理科大学大学院薬学研究科修士課程修了
現　在　帝京平成大学薬学部教授,薬学博士

岡本　巖(おかもと　いわお)　5章
1992年　東京大学薬学部薬学科卒業
1997年　東京大学大学院薬学系研究科博士課程修了
現　在　昭和薬科大学薬学部准教授,博士(薬学)

宮岡宏明(みやおか　ひろあき)　6章
1985年　東京薬科大学薬学部薬学科卒業
1990年　東京薬科大学大学院薬学研究科博士課程修了
現　在　東京薬科大学薬学部准教授,薬学博士

本多利雄（ほんだ　としお）　　7, 8 章
1969 年　東京薬科大学薬学部衛生薬学科卒業
1972 年　東北大学大学院薬学研究科博士課程中退
現　　在　星薬科大学薬学部教授，薬学博士

中村成夫（なかむら　しげお）　　9 章
1989 年　東京大学薬学部薬学科卒業
1994 年　東京大学大学院薬学系研究科博士課程修了
現　　在　日本医科大学医学部教授，博士（薬学）

津吹政可（つぶき　まさよし）　　10 章
1976 年　東京理科大学薬学部製薬学科卒業
1981 年　東北大学大学院薬学研究科博士課程修了
現　　在　星薬科大学薬学部教授，薬学博士

森川　勉（もりかわ　つとむ）　　11, 12 章
1978 年　東京薬科大学薬学部製薬学科卒業
1983 年　東京薬科大学大学院薬学研究科博士課程修了
現　　在　東京薬科大学薬学部准教授，薬学博士

Ⓒ　小林　進・三巻祥浩　2012

2012年3月15日　初 版 発 行

薬学生のための基礎シリーズ 5
基 礎 有 機 化 学

編 者　小 林　　進
　　　　三 巻 祥 浩
発行者　山 本　　格

発 行 所　株式会社　培 風 館
東京都千代田区九段南 4-3-12・郵便番号 102-8260
電　話 (03) 3262-5256 (代表)・振替 00140-7-44725

D.T.P. アベリー・中央印刷・牧 製本
PRINTED IN JAPAN

ISBN 978-4-563-08555-1　C3343